"十四五"机电类专业新形态教材

变频器应用技术

主编 ◎ 孙慧峰

郑州大学出版社

内容简介

本书共分九个项目,立足于企业岗位标准与社会需求,依据现场新技术应用,以智能控制为主线,以项目为载体,任务为驱动,将组态控制技术、PLC控制技术、变频器技术、通信技术有机结合起来,就变频器认识,交-交、交-直-交变频电路分析与测试,MM420变频器认识与操作,变频器外部端子调速控制,PLC控制变频调速系统设计,变频器应用,变频器保养维护与故障处理等主要方面进行介绍,旨在培养学生的工程实践能力、创新能力、技术交流与沟通能力、团队协作意识和工匠精神,为社会输送基础扎实和本领过硬的工匠人才。

本书可供电气自动化技术、智能控制技术、工业机器人技术等有关专业师生使用,也可供有关工程技术人员参考阅读。

图书在版编目(CIP)数据

变频器应用技术/孙慧峰主编. — 郑州:郑州大学出版社,2023.8
"十四五"机电类专业新形态教材
ISBN 978-7-5645-9776-4

Ⅰ.①变… Ⅱ.①孙… Ⅲ.①变频器-高等学校-教材 Ⅳ.①TN773

中国国家版本馆 CIP 数据核字(2023)第 109244 号

变频器应用技术
BIANPINQI YINGYONG JISHU

策划编辑	张　恒	封面设计	苏永生
责任编辑	许久峰	责任监制	李瑞卿
责任校对	张　恒		

出版发行	郑州大学出版社	地　　址	郑州市大学路40号(450052)
出 版 人	孙保营	网　　址	www.zzup.cn
经　　销	全国新华书店	发行电话	0371-66966070
印　　刷	新乡市豫北印务有限公司		
开　　本	787 mm×1 092 mm　1/16		
印　　张	16.75	字　　数	510千字
版　　次	2023年8月第1版	印　　次	2023年8月第1次印刷
书　　号	ISBN 978-7-5645-9776-4	定　　价	46.00元

本书如有印刷质量问题,请与本社联系调换。

《变频器应用技术》
编写人员

主　编　孙慧峰

副主编　李俊堂　刘昆磊　孔令雪

编　者　孙慧峰　李俊堂　刘昆磊
　　　　　孔令雪　马　超　姚新兆
　　　　　沈彦霖　余伟凡

前　言

变频器已广泛应用于工矿企业。"变频器应用技术"课程是电气类专业理论与实践一体、偏实践的一门专业核心课程，其先修课程有电机与电气控制技术、电子技术、电力电子技术、PLC 原理及应用等，其后续课程有过程控制技术、组态与现场总线控制技术等。本课程主要针对在校高等职业教育院校电气类专业学生和社会工程技术人员。在校学生的专业理论知识基础相对短缺，但往往善于动手操作，在实际操作中理解学习；社会工程技术人员的情况相对复杂，有基础很扎实的，也有相对薄弱的，还有刚刚入门的。因此，为满足教学对象的需求，本课程立足行业发展形势要求和企业工作岗位职责，由校内专门教师和校外兼职教员共同参与，依据现场新技术应用情况，以智能控制为主线，以项目为载体、任务为驱动，将组态控制技术、PLC 控制技术、变频器技术、通信技术四者有机结合起来，更新充实教学内容，增加了变频器在传送带调速和恒压供水方面的应用，使教学内容更加紧密结合生产实际，紧跟变频技术的发展步伐，满足学习者的需求。

本书内容以 MM420 变频器有关内容为基础，针对具体案例，还介绍了 MM440 变频器、V20 变频器、G120 变频器的基本操作和应用，旨在拓宽学习者的视野，能够举一反三。

本书由平顶山工业职业技术学院组织编写，由孙慧峰主编，由李俊堂、刘昆磊、孔令雪担任副主编，由马超、姚新兆、河南神马尼龙化工有限公司沈彦霖和河南中平自动化有限公司余伟凡等参与编写。本书的具体编写分工为：项目一、二由孙慧峰编写，项目三、四由李俊堂编写，项目五、六由马超编写，项目七由刘坤磊编写，项目八由孔令雪编写，项目九由姚新兆编写，项目四、五、六的现场资料搜集与整理工作由沈彦霖负责，项目七、八、九的现场资料收集与整理工作由余伟凡负责。

本课程已立项为省级精品在线开放课程。本书为智慧职教云平台自动化类专业核心课程配套教材。热忱欢迎广大读者登录平台电气自动化技术专业教学资源库（首页www.icve.com.cn），搜索、使用本课程配套教学资源(https://www.icve.com.cn/portal/courseinfo?courseid=8imarouplbhyzabh0lfma)完成在线学习评价。

由于编写水平有限，书中疏漏之处在所难免，敬请广大读者批评指正。

编　者
2023 年 3 月

目　录

项目一　变频器的认识 / 1
　　任务一　变频器的结构及应用背景 ………………………………………… 1
　　任务二　电力电子器件的认识 ……………………………………………… 11

项目二　交-交变频电路的分析与测试 / 28
　　任务一　单相桥式全控整流电路的分析与测试 ………………………… 28
　　任务二　三相桥式全控整流电路的分析与测试 ………………………… 39
　　任务三　单相输出交-交变频电路的分析与测试 ………………………… 51

项目三　交-直-交变频电路的分析与测试 / 58
　　任务一　逆变技术及无源逆变电路工作原理 …………………………… 58
　　任务二　电压型逆变电路分析与测试 …………………………………… 65
　　任务三　电流型逆变电路分析 …………………………………………… 74
　　任务四　脉宽调制电路的分析与测试 …………………………………… 82

项目四　MM420 变频器的认识与操作 / 96
　　任务一　MM420 变频器的认识 …………………………………………… 96
　　任务二　MM420 变频器的基本操作 …………………………………… 107
　　任务三　面板控制电动机的正反转 ……………………………………… 118

项目五　变频器外部端子调速控制 / 134
　　任务一　外部端子控制电动机的启停与反转 …………………………… 134
　　任务二　变频器模拟量调速控制 ………………………………………… 146
　　任务三　变频器多段速运行控制 ………………………………………… 155

项目六　PLC 控制变频调整系统设计 / 161
　　任务一　PLC 控制变频器实现电动机正反转 …………………………… 161
　　任务二　PLC 控制变频器实现电动机多段速运行 ……………………… 168
　　任务三　PLC 通信控制变频器实现电动机多段速运行 ………………… 175

　　　　任务四　扶手电梯变频调整系统分析 …………………………………… 182

项目七　**变频器在传送带中的应用 / 189**
　　　　任务一　变频器控制传送带调速 ………………………………………… 189
　　　　任务二　PLC 控制传送带实现变频调速 ………………………………… 196
　　　　任务三　组态控制传送带实现变频调速 ………………………………… 202

项目八　**变频器在恒压供水系统中的应用 / 206**
　　　　任务一　变频恒压供水系统简介 ………………………………………… 206
　　　　任务二　变频器控制水泵启停原理 ……………………………………… 217
　　　　任务三　PLC 控制变频器实现水泵启停 ………………………………… 227
　　　　任务四　组态控制变频器实现水泵启停 ………………………………… 234
　　　　任务五　组态控制变频器实现恒压供水 ………………………………… 240

项目九　**变频器的养护与常见故障诊断处理 / 250**
　　　　任务一　变频器的保养与维护 …………………………………………… 250
　　　　任务二　变频器常见故障的诊断与处理 ………………………………… 255

参考文献 / 262

项目一　变频器的认识

任务一　变频器的结构及应用背景

任务实施人员信息						
姓名		学号		专业班级		
隶属组		组长		伙伴成员		
任务简介						
任务名称	变频器的结构及应用背景			课时规划	1	
项目名称	变频器的认识			所属课程	变频器应用技术	
考核点	变频器的结构、分类					
任务内容	任务描述： 通过现场认知，选择一个应用案例，分析其应用背景、系统优缺点及变频器的型号和系统接线图，了解变频器在实际生产中的应用情况。 任务分析： 利用变频器可实现无级调速和软启、软停的优势，主要应用在电梯、恒压供水、传送带等要求调速的场合，最典型的应用就是在高层建筑恒压供水系统中的应用。 任务要求： 1. 在现场参观认知的基础上选择合适的应用案例。 2. 做 PPT 准备汇报，要求简洁、明了，图文并茂。 3. PPT 内容主要包括：应用背景、系统优缺点及变频器的型号和系统接线图、认知感受。 4. 4 人一个小组，分组完成。						

任务简介	
任务目标	知识目标： 1. 了解变频器的现场应用情况。 2. 了解变频器的分类。 3. 掌握变频器的结构原理。 4. 熟悉变频器的发展方向。 能力目标： 1. 能够说出变频器在某个案例中的应用优势。 2. 学会整理所收集的资料。 素养目标： 1. 团队协作。 2. 语言表达。 3. 凝练思维。

	任务资讯(准备)(20分)	笔记栏
知识准备	1. 为什么变频能够调速？(4分) 2. 按变换环节分,变频器可分为哪几种？(4分) 3. 交-直-交变频器由哪几个环节组成？(6分) 4. 简述变频器的发展方向。(6分)	
实训器具准备	1. 实训设备： 变频器、电动机各15台,导线若干。 2. 工具： 电工工具15套。	
场地准备	1. 实训室卫生。 2. 实训室通风。 3. 实训台清理。 4. 实训设备摆放。	

任务设计、实施与汇报(80分)		笔记栏
任务设计	以团队为单位,查阅资料,查找一个变频器的应用案例,包括应用背景、主电路接线、参数设置等,并制作PPT准备答辩。	
任务实施汇报 (70分)	任务实施步骤: 1.组建学习团队。(2分) 2.团队成员分工。(3分) 3.查阅资料。(10分) 4.实操接线。(15分) 5.整理、分析资料。(15分) 6.制作PPT准备答辩。(10分) 7.任务汇报。(15分) 注意事项: 1.围绕变频器在绿色、节能、自动化系统及提高工艺水平和产品质量等方面的应用,查阅资料。 2.制作PPT时,要美观、简单、直观、图文并茂。 3.团队成员要分工协作,不可一人独自完成。 资料整理:	
存在问题及解决办法(10分)		

任务考评					
评分项	分值	做答要求	评分标准		得分
任务资讯	20	回答问题清晰准确,能够紧扣主题,没有明显错误项	对照标准答案错误一项扣1分,扣完为止		
任务设计与实施	65	任务规划合理可实施,没有细节错误	错误一项扣1分,扣完为止		
任务汇报	15	图文并茂、课件美观、直观、主题鲜明	主题不明扣3分,主题错误不得分,课件不够美观、直观性不强扣1~3分		
合计					

相关知识	笔记栏
一、变频器的概念 变频器是应用变频技术与微电子技术,通过改变电动机工作电源频率方式来控制交流电动机的电力控制设备。其原理是利用电力半导体器件的通断作用将工频电源变换为另一频率的电源。 二、变频器的应用 变频调速已被公认为最理想、最有发展前途的调速方式之一。 1. 在节能方面的应用 变频器节能主要表现在风机、泵类的应用上。风机、泵类负载采用变频调速后,节电率为20%~60%,这是因为风机、泵类负载的实际消耗功率基本与转速的三次方成比例。当需要的平均流量较小时,风机、泵类采用变频调速使其转速降低,节能效果非常明显。而传统的风机、泵类采用挡板和阀门进行流量调节,电动机转速基本不变,耗电功率变化不大。据统计,风机、泵类电动机用电量占全国用电量的31%,占工业用电量的50%,在此类负载上使用变频调速装置具有非常重要的意义。目前,应用较成功的有恒压供水、各类风机、中央空调和液压泵的变频调速。 2. 在自动化系统中的应用 由于变频器内置有32位或16位的微处理器,具有多种算术逻辑运算和智能控制功能,输出频率精度为0.01%~0.1%,且设置有完善的检测、保护环节,因此,在自动化系统中获得广泛应用。例如:化纤工业中的卷绕、拉伸、计量、导丝;玻璃工业中的平板玻璃退火炉、玻璃窑搅拌、拉边机、制瓶机;电弧炉自动加料、配料系统以及电梯的智能控制等。 3. 在提高工艺水平和产品质量方面的应用 变频器还广泛应用于传送、起重、挤压和机床等各种机械设备控制领域,可以提高工艺水平和产品质量,减少设备的冲击和噪声,延长设备的使用寿命。采用变频调速控制后,使机械系统简化,操作和控制更加方便,有的甚至可以改变原有的工艺规范,从而提高了整个设备的使用水平。例如,纺织和许多行业用的定型机,机内温度是靠改变送入热风的多少来调节的。输送热风通常用的是循环风机,由于风机速度不变,送入热风的多少只有用风门来调节。如果风门调节失灵或调节不当就会造成定型机失控,从而影响成品质量。循环风机高速启动,传动带与轴承之间磨损非常厉害,使传动带变成了一种易耗品。在采用变频调速后,温度调节可以通过变频器自动调节风机的速度来实现,解决了产品质量问题。此外,变频器能够很方便地实现风机在低频低速下启动并减少了传动带与轴承之间的磨损,还可以延长设备的使用寿命,同时可以节能40%。 4. 在电动机软启动方面的应用 电动机硬启动不仅会对电网造成严重的冲击,还会对电网容量要求过高,启动时产生的大电流和震动对挡板和阀门的损害极大,影响设备、管路的使用寿命。而使用变频器后,变频器的软启动功能将使启动电流从零开始变化,最大值也不超过额定电流,减轻了对电网的冲击,降低了对供电容量的要求,延长了设备和阀门的使用寿命,也节省了设备的维护费用。	

相关知识	笔记栏
三、变频器的分类 1. 按输入电压等级分类 可分低压变频器和高压变频器,低压变频器常见的有单相 220 V 变频器,三相 220 V 变频器、三相 380 V 变频器。高压变频器常见的有 6 kV、10 kV 变频器。 2. 按变换环节分 (1) 交-交变频器。把频率固定的交流电直接变换成频率和电压连续可调的交流电,故称直接型变频器(图 1-1-1)。其优点是没有中间环节、变换效率高,缺点是连续可调的频率范围窄,通常为额定频率的 1/2 以下,主要适用于电力牵引等容量较大的低速拖动系统中。 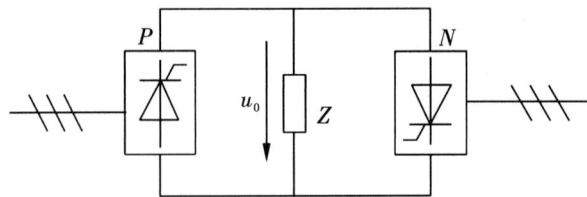 图 1-1-1　交-交型变频器电路结构框图 (2) 交-直-交变频器(图 1-1-2)。先把频率固定的交流电整流成直流电,再把直流电逆变成频率连续可调的交流电,故又称为间接型变频器。它在频率的调节范围以及改善变频后电动机的特性等方面都有明显优势,是目前广泛采用的变频方式。 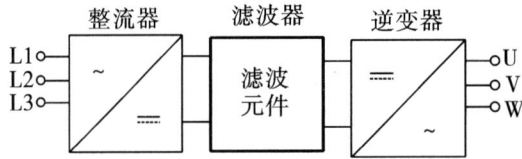 图 1-1-2　交-直-交型变频器电路结构框图 3. 按直流电源的性质分类 在交-直-交型变频器中,按主电路电源变换成直流电源的过程中,直流电源的性质分为电压型变频器和电流型变频器。 (1) 电流型变频器。直流环节的储能元件是电感线圈 L,如图 1-1-3a 所示。 (2) 电压型变频器。直流环节的储能元件是电容器 C,如图 1-1-3b 所示。 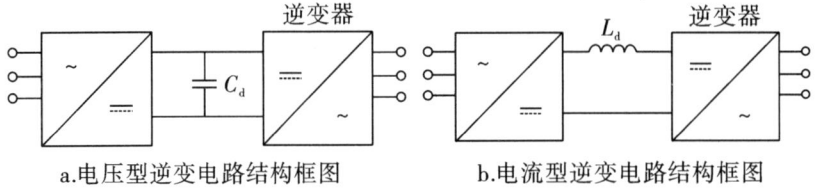 a. 电压型逆变电路结构框图　　b. 电流型逆变电路结构框图 图 1-1-3　逆变电路结构框图	

相关知识	笔记栏
4. 按控制方式分类 (1) U/f 控制变频器。U/f 控制方式又称正弦脉宽调制(SPWM)控制方式,其特点是对变频器输出的电压和频率同时进行控制,通过使 U/f 的值保持一定而得到所需的转矩特性。控制电路结构简单、成本低,多用于对精度要求不高的通用变频器。 (2) 转差频率控制变频器。需要由安装在电动机上的速度传感器检测出电动机的转速,构成速度闭环,速度调节器的输出为转差频率,而变频器的输出频率则由电动机的实际转速与所需转差频率之和决定。由于通过控制转差频率来控制转矩和电流,与 U/f 控制相比,其加、减速特性和限制过流的能力得到提高。 (3) 矢量控制(VC)变频器。这是一种高性能异步电动机控制方式,基本原理是:将异步电动机的定子电流分为产生磁场电流的分量(励磁电流)和与其垂直的产生转矩的电流分量(转矩电流),并分别加以控制。在该控制方式中必须同时控制异步电动机定子电流的幅值和相位,即定子电流的矢量,因此被称为矢量控制方式。 (4) 直接转矩控制(DTC)变频器。这是一种新型交流变频调速技术,在很大程度上解决了上述矢量控制的不足,已成功地应用在电力机车牵引的大功率交流传动上。直接转矩控制直接在定子坐标系下分析交流电动机的数学模型,控制电动机的磁链和转矩,确定逆变器的开关状态。它不需要将交流电动机等效为直流电动机,因而省去了矢量旋转变换中的许多复杂计算。 5. 按用途分类 (1) 通用变频器。通用变频器是指能与普通的笼型异步电动机配套使用,能适应各种不同性质的负载,并具有多种可供选择功能的变频器。 (2) 高性能专用变频器。它主要应用于对电动机的控制要求较高的系统,与通用变频器相比,大多采用矢量控制方式,驱动对象通常是变频器厂家指定的专用电动机。 (3) 高频变频器。在超精密加工和高性能机械中,常常要用到高速电动机,为了满足这些高速电动机的驱动要求,出现了采用 PAM(脉冲幅值调制)控制方式的高频变频器,其输出频率可达到 3 kHz。 6. 按所用电源相数分类 (1) 单相变频器。该变频器单相输入、三相输出。 (2) 三相变频器。该变频器为三相输入、三相输出。 7. 按照开关方式分类 (1) PAM 控制变频器。PAM 是脉冲幅值调制,是按一定规律改变脉冲列的脉冲幅度,以调节输出量值和波形的一种调制方式。 (2) PWM 控制变频器。PWM 是脉冲宽度调制,是按一定规律改变脉冲列的脉冲宽度,以调节输出量和波形的一种调制方式。 (3) 高载频 PWM 控制变频器。这种控制方式是在原理上对 PWM 控制方式的改进,为了降低减速电动机运转噪声而采用的一种控制方式。在这种控制方式中,载频被提高到人耳可以听到的频率(10~20 kHz)及以上,从而达到降低减速电动机噪声的目的。这种控制方式主要用于低噪声型变频器,是今后变频器的发展方向。	

相关知识	笔记栏

四、变频器的结构原理

1. 交-直-交型变频器

主要由整流(交流变直流)、滤波、逆变(直流变交流)、控制电路等组成。

(1) 主电路。见图 1-1-4,主要包括整流电路、中间电路和逆变电路三个环节。

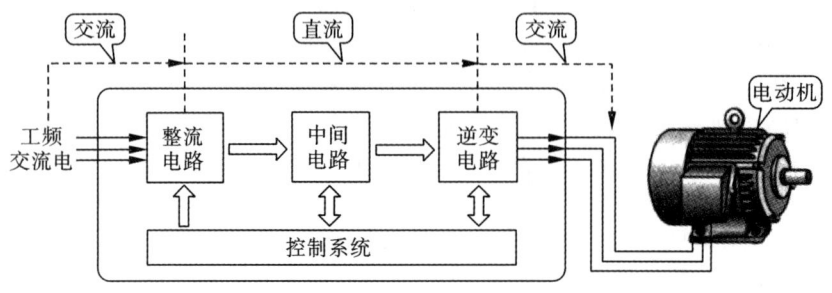

图 1-1-4 交-直-交型变频器原理框图

(2) 控制电路。变频器还有很多的保护功能,如过流、过压、过载保护等。其控制电路见图 1-1-5,主要包括主控电路、采样电路、驱动电路和控制电源等。

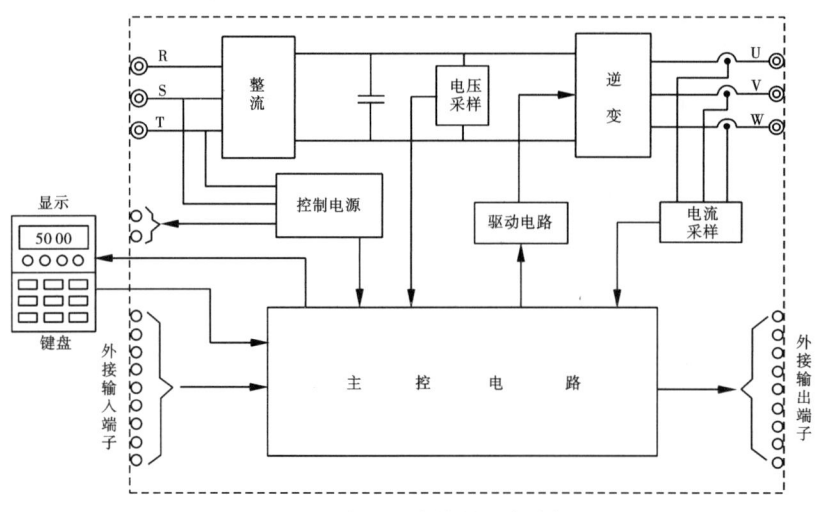

图 1-1-5 变频器内的控制电路框图

交-直-交变频器输出频率范围宽但变换效率低,目前国内大都使用交-交变频器。

2. 交-交型变频器

交-交变频器不通过中间直流环节,而把电网恒压恒频的交流电直接变换成变压变频交流电(图 1-1-6)。

相关知识	笔记栏

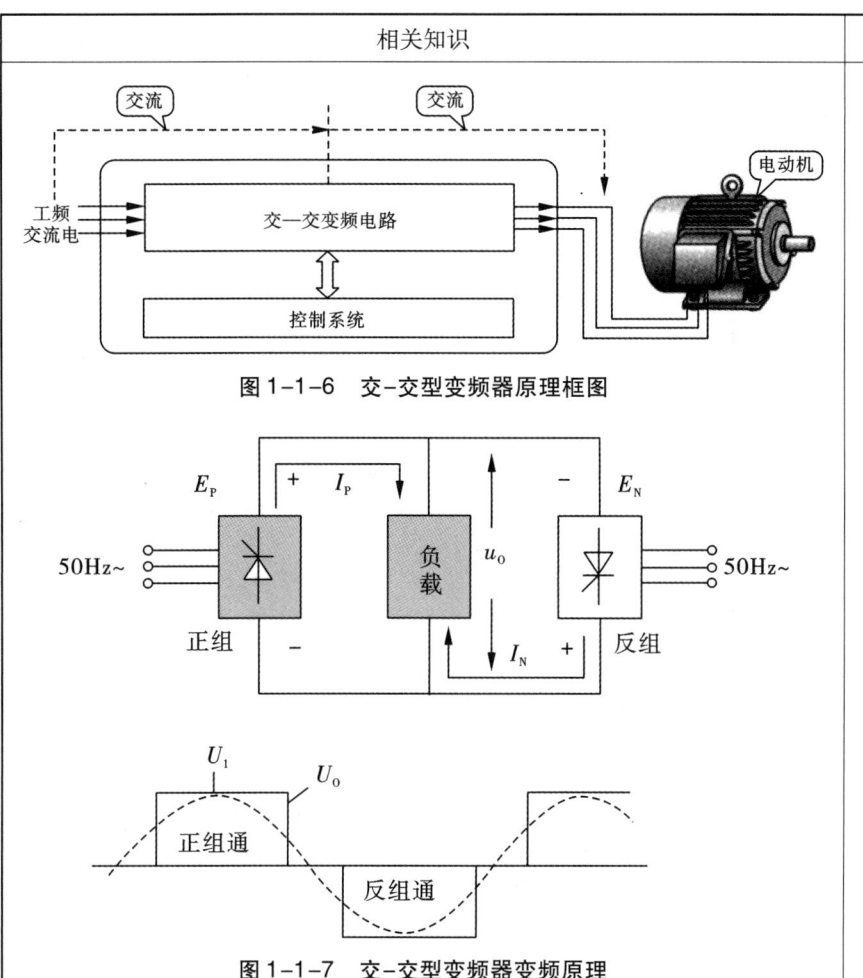

图1-1-6 交-交型变频器原理框图

图1-1-7 交-交型变频器变频原理

交-交变频器输出频率低,最高频率一般只能达到电源频率的1/3~1/2,但变换效率高,适用于低频大容量的调速系统。

五、变频器的发展方向

传统的直流调速技术因体积大、故障率高而应用受限,变频技术为满足交流电动机无级调速的广泛需求而诞生。

20世纪60年代以后,电力电子器件普遍应用了晶闸管及其升级产品,但其调速性能远远无法满足需要。1968年以丹佛斯为代表的高技术企业开始批量化生产变频器,开启了变频器工业化的新时代。

20世纪70年代开始,脉宽调制变压变频调速的研究得到突破,20世纪80年代以后微处理器技术的完善使得各种优化算法得以轻松实现。

20世纪80年代中后期,美、日、德、英等国家的变压变频技术实用化,商品投入市场,得到了广泛应用。美国和德国凭借电子元件生产和电子技术的优势,其高端变频器产品迅速抢占市场。

步入21世纪后,国产变频器逐步崛起,现已逐渐抢占高端市场。

相关知识	笔记栏
电力电子器件的基片已从 Si(硅)变换为 SiC(碳化硅),使电力电子新元件具有耐高压、低功耗、耐高温的优点,并制造出体积小、容量大的驱动装置;永久磁铁电动机也正在开发研制之中。随着 IT 技术的迅速普及,变频器相关技术发展迅速,未来主要向以下几个方面发展: 1. 网络智能化 智能化的变频器使用时不必进行很多参数设定,本身具备故障自诊断功能,具有高稳定性、高可靠性及实用性。利用互联网可以实现多台变频器联动,甚至是以工厂为单位的变频器综合管理控制系统。 2. 专门化和一体化 变频器的制造专门化,可以使变频器在某一领域的性能更强,如风机、水泵用变频器、电梯专用变频器、起重机械专用变频器、张力控制专用变频器等。此外,变频器有与电动机一体化的趋势,使变频器成为电动机的一部分,可以使体积更小,控制更方便。 3. 节能环保无公害 保护环境,制造"绿色"产品是人类的新理念。电力拖动装置应着重考虑节能、变频器能量转换过程的低公害,使变频器在使用过程中的噪声、电源谐波对电网的污染等问题减少到最低程度。 4. 适应新能源 现在以太阳能和风力为能源的燃料电池以其低廉的价格崭露头角,有后来居上之势。这些发电设备的最大特点是容量小而分散,将来的变频器就要适应这样的新能源,既要高效,又要低耗。现在电力电子技术、微电子技术和现代控制技术以惊人的速度向前发展,变频调速传动技术也随之取得了日新月异的进步,这种进步集中体现在交流调速装置的大容量化、变频器的高性能化和多功能化、结构的小型化等方面。	

任务二 电力电子器件的认识

任务实施人员信息					
姓名		学号		专业班级	
隶属组		组长		伙伴成员	
任务简介					
任务名称	电力电子器件的认识		课时规划	4	
项目名称	变频器的认识		所属课程	变频器应用技术	
考核点	变频器的结构、分类				
任务内容	任务描述： 在变频器电路中经常用到的电力电子器件主要有功率二极管、晶闸管（SCR）和绝缘栅双极型晶体管（IGBT），该任务主要介绍这三种电力电子器件的结构、工作原理及特性参数和质量检测，通过该任务的学习，能够判断电力电子器件的质量好坏，了解电力电子器件在变频器中的应用情况。 任务分析： 交-直-交变频器利用功率二极管将交流电整流成直流电，再利用 IGBT 将直流电逆变成交流电，靠内部 IGBT 的开断来调整输出交流电源的电压和频率，根据电动机的实际需要来提供其所需要的电源电压及频率，进而达到节能、调速的目的。交-交变频器使用成熟的晶闸管整流技术，把电网恒压恒频（CVCF）的交流电直接变换成变压变频（VVVF）交流电，常用于高电压、大电流的大功率交流电动机变频调速。 任务要求： 1. 在不损坏器件的基础上，对电力电子器件进行管脚的判别和质量好坏的判断。 2. 边操作边讲解进行任务展示。 3. 2 人一个小组，分组完成。				
任务目标	知识目标： 1. 了解电力电子器件的作用及在变频器中的应用情况。 2. 掌握电力电子器件的结构及工作原理。 3. 熟悉电力电子器件的参数及特性。 能力目标： 能够判断出电力电子器件的质量好坏和管脚。 素养目标： 1. 团队协作。2. 工程实践。3. 逻辑思维。				

	任务资讯(准备)(20分)	笔记栏
知识准备	1. 功率二极管与普通的小信号二极管有何区别?(4分) 2. 晶闸管的导通条件和关断条件是什么?(6分) 3. IGBT 是由哪两种器件复合而成的?(4分) 4. 简述晶闸管管脚的判别方法。(6分)	
实训器具准备	1. 实训设备: 功率二极管、晶闸管、绝缘栅双极型晶体管各15只,电容30只,直流稳压电源15台,干电池若干、导线若干。 2. 工具: 电工工具一套。 3. 仪器仪表: 万用表15块。	
场地准备	1. 实训室卫生。 2. 实训室通风。 3. 实训台清理。 4. 电力电子器件、万用表等实训设备的摆放。	

任务设计、实施与汇报(80分)		笔记栏
任务设计 (10分)	1.检测晶闸管导通与关断,测试电路设计。 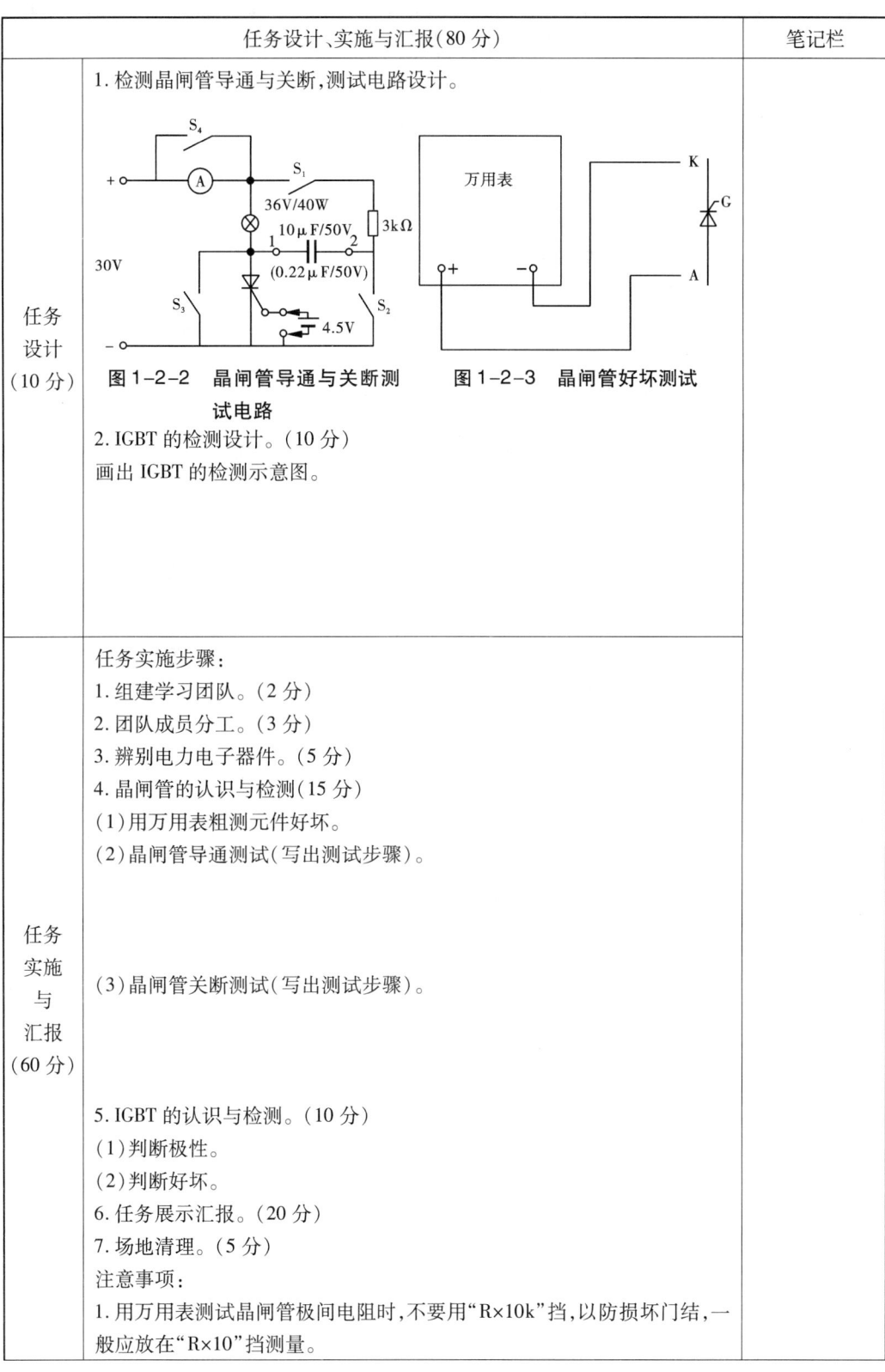 图1-2-2 晶闸管导通与关断测试电路　　图1-2-3 晶闸管好坏测试 2.IGBT的检测设计。(10分) 画出IGBT的检测示意图。	
任务实施与汇报 (60分)	任务实施步骤: 1.组建学习团队。(2分) 2.团队成员分工。(3分) 3.辨别电力电子器件。(5分) 4.晶闸管的认识与检测(15分) (1)用万用表粗测元件好坏。 (2)晶闸管导通测试(写出测试步骤)。 (3)晶闸管关断测试(写出测试步骤)。 5.IGBT的认识与检测。(10分) (1)判断极性。 (2)判断好坏。 6.任务展示汇报。(20分) 7.场地清理。(5分) 注意事项: 1.用万用表测试晶闸管极间电阻时,不要用"R×10k"挡,以防损坏门结,一般应放在"R×10"挡测量。	

任务设计、实施与汇报(80 分)	笔记栏
2. 用万用表测量晶闸管门极和阴极之间的正向电阻时,有时会发现表的旋钮放在不同电阻挡的位置,读出的 R_{GK} 值相差很大。这是由于旋钮放在不同位置时,加到晶闸管 J_3 结的正向电压数值不同, J_3 结的非线性特性所致。因此,用万用表测试晶闸管各极间的电阻时,其旋钮应放在同一挡测量。 3. 用万用表测量晶闸管门极和阴极之间的正向电阻时,旋钮放在"R×10"挡,有时管的正、反向电阻很接近,这种现象还不能判断管子的好坏,特别是大电流的晶闸管或者塑封管子,门极电阻都很小为 10~20 Ω,要留心观察它们的差别,只要正向电阻值比反向电阻值小一些,一般来说被测管子是好的。 4. 检测前先将 IGBT 的 3 只引脚短路放电,避免影响检测的准确度。注意,判断 IGBT 好坏时,一定要将万用表拨在"R×10k"挡,因"R×1k"挡以下各挡对应的万用表内部电池电压太低,检测好坏时不能使 IGBT 导通,而无法判断 IGBT 的好坏。 对于正常的 IGBT(正常 G、E 两极与 G、C 两极间的正反向电阻均为无穷大;内含阻尼二极管的 IGBT 正常时 E、C 极间均有 4 kΩ 正向电阻),上述所测值均为无穷大。最后,用指针万用表的红笔接 C 极,黑笔接 E 极。若所测值在 3.5 kΩ 左右,则所测管为含阻尼二极管的 IGBT;若所测值在 50 kΩ 左右,则所测 IGBT 内不含阻尼二极管。对于数字式万用表,正常情况下,IGBT 管的 C、E 极间正向压降约为 0.5 V。 5. 注意环境卫生和废料的环保处理。 6. 团队成员一定要协作完成,不可一个人独自完成。	
存在问题及解决办法(10 分)	

任务考评				
评分项	分值	作答及操作要求	评分标准	得分
任务资讯	20	问题回答清晰准确,能够紧扣主题,没有明显错误项	对照标准答案错误一项扣1分,扣完为止	
任务设计与实施	50	操作规范,万用表挡位选择适当、使用方法正确,废料处理符合环保要求	任务设计10分	
			组建学习团队2分	
			团队成员分工3分	
			辨别电力电子器件5分	
			用万用表粗测晶闸管好坏5分	
			晶闸管导通测试5分	
			晶闸管关断测试5分	
			判断IGBT极性5分	
			判断IGBT好坏5分	
			场地清理5分	
任务汇报	20	语言简练、思路清晰、操作规范、方法正确	语言表达不清扣2分,操作错误一处扣1~3分,扣完为止	
存在问题及解决办法	10	问题合理、解决方法正确合理	解决方法错误一处扣2分,扣完为止	
合计				

相关知识	笔记栏

一、功率二极管

1. 外形

功率二极管的外形,主要有螺栓型和平板型两种,见图1-2-4。螺栓型的功率二极管螺栓一端为阳极,辫子一端为阴极,中间外壳内封装有一个PN结。平板式的功率二极管上边一面为阴极,带有一个大金属圆盘,下边一面为阳极,中间白色波纹管内封装有一个PN结。

螺栓型功率
二极管

平板式功率
二极管

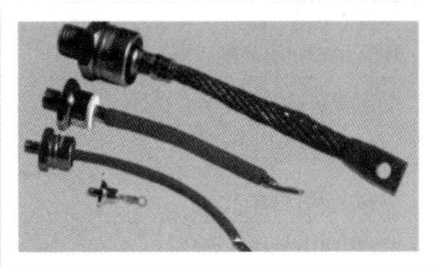 

a.螺栓型功率二极管　　b.平板式功率二极管

图1-2-4　功率二极管外形

2. 结构

以半导体PN结为基础。由一个面积较大的PN结和两端引线以及封装外壳组成,见图1-2-5。

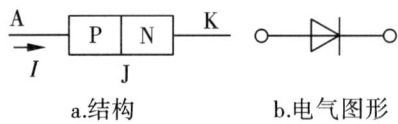

a.结构　　　　b.电气图形

图1-2-5　功率二极管的结构与电气图形

功率二极管的基本结构和工作原理与小信号二极管一样,都是由一个PN结封装在一个外壳内,然后引出一个阳极和一个阴极组成;A正K负即可导通,A负K正反偏截止。两者的用途不同,小信号二极管主要用于信息的处理,而功率二极管主要用于高电压、大电流的场合。

功率二极管允许通过的电流较大、电压较高;为了耐高压,其掺杂浓度低,导致正向压降增大;为了通过大电流,其PN结面积较大;工作时发热比较严重,使用时应安装传热良好的散热器。

平板式功率
二极管(或
晶闸管)用
散热器

二、普通晶闸管

晶闸管是一种以硅单晶为基本材料的四层三端器件,由于它的特性类似于真空闸流管,所以国际上通称为硅晶体闸流管,简称晶闸管。又由于晶闸管最初应用于可控整流,又称为硅可控整流元件,简称为可控硅。

相关知识	笔记栏

1. 晶闸管的结构

常用的晶闸管有螺栓型和平板型两种外形,如图 1-2-6a 所示。晶闸管在工作过程中会因损耗而发热,因此必须安装散热器。螺栓型晶闸管靠阳极(螺栓)拧紧在铝制散热器上,可自然冷却;平板型晶闸管由两个相互绝缘的散热器夹紧晶闸管,靠冷风冷却。额定电流大于 200 A 的晶闸管都采用平板型的外形结构。此外,晶闸管的冷却方式还有水冷、油冷等。

螺栓型晶闸管

平板式晶闸管

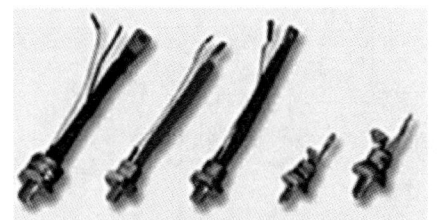
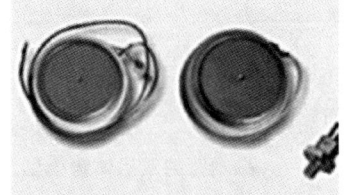

普通晶闸管(螺栓型)　　　普通晶闸管(平板型)

a. 外形

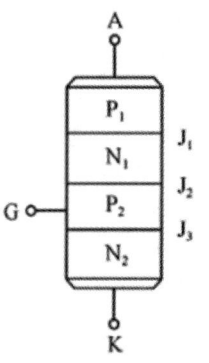

(b) 结构　　　(c) 电气图形符号

图 1-2-6　晶闸管的外形、结构和图形符号

不管晶闸管的外形如何,它们的管芯都是由 P 型硅和 N 型硅组成的四层 P_1、N_1、P_2、N_2 结构,其结构和图形符号如图 1-2-6b、c 所示。它有 3 个 PN 结(J_1、J_2、J_3),从 J_1 结构的 P_1 层引出阳极 A,从 N_2 层引出阴极 K,从 P_2 层引出控制极 G(也称为门极)。

2. 晶闸管的工作原理

在性能上,晶闸管不仅具有单向导电性,还具有比硅整流元件(俗称"死硅")更为可贵的可控性。它只有导通和关断两种状态。

分析原理时,可以把晶闸管看成由一个 PNP 和一个 NPN 两个晶体管连接而成,每一个晶体管的基极与另一个晶体管的集电极相连,阳极 A 相当于 PNP 型晶体管 V_1 的发射极,阴极 K 相当于 NPN 型晶体管 V_2 的发射极。其等效图解如图 1-2-7 所示。

相关知识	笔记栏

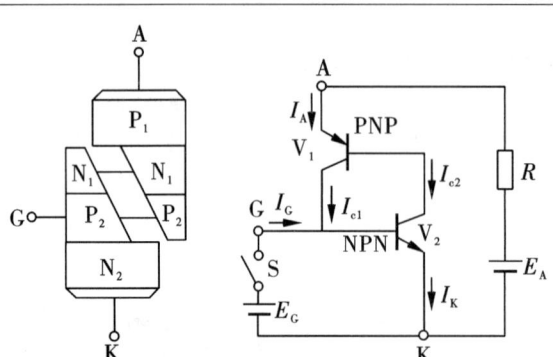

a.双晶体管模型　　　b.工作原理

图 1-2-7　晶闸管的双晶体管模型及其工作原理

当晶闸管阳极承受正向电压（A 接电源正极，K 接电源负极），控制极 G 不加电压，这时晶闸管相当于由 3 个 PN 结相串接，其中一只反接，因而不导通。在晶闸管阳极承受正向电压，控制极 G 也加上适当电压（$U_{GK}>0$ V）时，则有电流 I_G 从门极流入 NPN 管的基极，即 I_{B2}，经放大后的集电极电流 I_{C2}（$I_{C2}=\beta_2 I_{B2}=\beta_2 I_G$）流入 PNP 管的基极，再经 PNP 管的放大，其集电极电流 I_{C1} 又流入 NPN 管的基极，如此循环，则产生强烈的增强式正反馈过程（图 1-2-8），使两个晶体管很快饱和导通，从而使晶闸管由阻断迅速地变为导通。流过晶闸管的电流将取决于外加电源电压和主回路的阻抗大小。

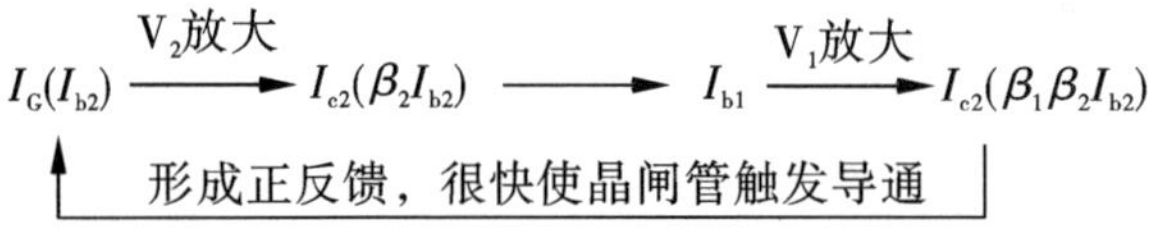

$$I_G(I_{b2}) \xrightarrow{V_2 放大} I_{c2}(\beta_2 I_{b2}) \longrightarrow I_{b1} \xrightarrow{V_1 放大} I_{c2}(\beta_1 \beta_2 I_{b2})$$

形成正反馈，很快使晶闸管触发导通

图 1-2-8　正反馈过程示意

晶闸管导通之后，它的导通状态完全依靠管子本身的正反馈作用来维持，即使控制极电流消失，晶闸管仍将处于导通状态。因此，控制极的作用仅是触发晶闸管使其导通，导通之后，控制极就失去了控制作用。

欲使晶闸管关断，最根本的方法就是必须使其阳极电流减小到使之不能维持正反馈的程度，也就是将晶闸管的阳极电流减小到维持电流以下，这只有用使阳极电压减小到零或反向的方法来实现。

3. 晶闸管的伏安特性

晶闸管的阳极与阴极间的电压 U_A 和阳极电流 I_A 的关系称为晶闸管伏安特性，要正确使用晶闸管，必须了解其伏安特性。图 1-2-9 所示为晶闸管伏安特性曲线，包括正向特性（第一象限）和反向特性（第三象限）两部分。晶闸管的正向特性又有阻断状态和导通状态之分。在正向阻断状态时，晶闸管的伏安特性是一组随门极电流的增加而不同的曲线簇。

相关知识	笔记栏
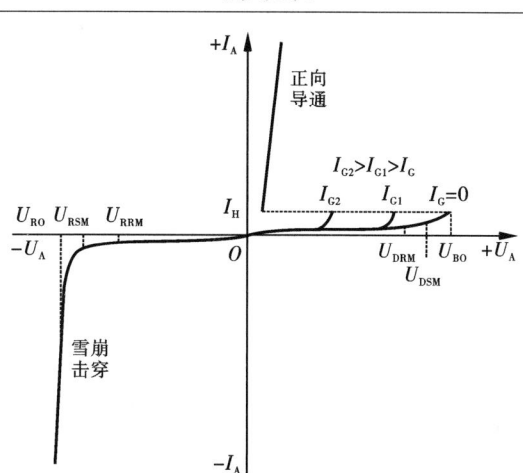

图 1-2-9 晶闸管伏安特性曲线

图 1-2-9 中，U_{DRM}、U_{RRM} 为正、反向断态重复峰值电压，U_{BO} 为正向转折电压，U_{RO} 为反向击穿电压。

当控制极开路($I_G = 0$ A)，阳极上加上正向电压时，J_1、J_3 结正偏，但 J_2 结反偏，这与普通 PN 结的反向特性相似，晶闸管处于正向阻断状态，只流过很小的正向漏电流。随着阳极电压的增加，当达到正向转折电压 U_{BO} 时，漏电流急剧增大，晶闸管由正向阻断状态变为正向导通状态。这种在 $I_G = 0$ A 时，依靠增大阳极电压而强迫晶闸管导通的方式称为"硬开通"。多次"硬开通"会使晶闸管损坏，因此通常不允许这样做。

随着门极电流 I_G 的增大，晶闸管的正向转折电压 U_{BO} 迅速下降，当 I_G 足够大时，晶闸管的正向转折电压很小，可以看成与一般二极管一样，只要加上正向阳极电压，管子就导通了。晶闸管正向导通的伏安特性与二极管的正向特性相似，即当流过较大的阳极电流时，晶闸管的压降很小。

晶闸管正向导通后，要使晶闸管恢复阻断，只有逐步减小阳极电流 I_A，使 I_A 下降到小于维持电流 I_H(维持晶闸管导通所需的最小电流)，则晶闸管又由正向导通状态变为正向阻断状态。

晶闸管的反向特性与一般二极管的反向特性相似。在正常情况下，当承受反向阳极电压时，晶闸管总是处于阻断状态，只有很小的反向漏电流流过。当反向电压增加到一定值时，反向漏电流增加较快，再继续增大反向阳极电压会导致晶闸管反向击穿，造成晶闸管永久性损坏，这时对应的电压称为反向击穿电压 U_{RO}。

4. 晶闸管的主要参数

为了正确使用晶闸管，必须了解实际应用中它的几个主要参数及其含义。

(1)正、反向断态重复峰值电压 U_{DRM}、U_{RRM}。在额定结温、门极断路、晶闸管正向阻断条件下，允许重复加在阳极和阴极间的最大正向峰值电压称为正向断态重复峰值电压 U_{DRM}。在额定结温、门极断路条件下，允许重复加在阳极和阴极间的最大反向峰值电压称为反向断态重复峰值电压 U_{RRM}。 | |

相关知识	笔记栏
(2) 额定电压 U_{Tn}。由图 1-2-9 可知,当门极开路、元件处于额定结温时,根据所测定的正向转折电压 U_{BO} 和反向击穿电压 U_{RO},由制造厂家规定减去某一数值(通常为 100 V),分别得到正向不可重复峰值电压 U_{DSM} 和反向不可重复峰值电压 U_{RSM},再各乘 0.9,即得正向断态重复峰值电压 U_{DRM} 和反向断态重复峰值电压 U_{RRM}。将 U_{DRM} 和 U_{RRM} 中较小的那个值按百位取整后作为该晶闸管的额定电压值。例如,一只晶闸管实测 $U_{DRM}=840$ V,$U_{RRM}=720$ V,将二者较小的 720 V 取整得 700 V,该晶闸管的额定电压为 700 V,即 7 级。表 1-2-1 所列为晶闸管额定电压的等级与额定电压范围的关系。 表 1-2-1　晶闸管正、反向重复峰值电压等级 	1、2、…、10	100、200、300、…、1000	额定电压 1000 V 以下,每增 100 V 级别数加 1
---	---	---
12、14、16…	1200、1400、1600、…	额定电压 1200 V 以上,每增 200 V 级别数加 2 | 使用晶闸管时,若外加电压超过反向击穿电压,会造成器件永久性损坏。若超过正向转折电压,器件就会误导通,经过数次这种导通,也会造成器件损坏。此外,器件的耐压还会因散热条件恶化和结温升高而降低。因此,选择时应注意留有充分的裕量,一般应按工作电路中可能承受到的最大瞬时电压 U_{TM} 的 2~3 倍来选择晶闸管的额定电压。 (3) 通态平均电流 $I_{T(AV)}$。在环境温度不超过 40 ℃、结温稳定且不超过额定值、电阻性负载条件下,晶闸管完全导通时允许通过的工频正弦半波电流在一个周期内的平均值,称为通态平均电流 $I_{T(AV)}$ 或正向平均电流。因为晶闸管是可控的单向导通器件,所以晶闸管的额定电流用通态平均电流来表示。 根据通态平均电流 $I_{T(AV)}$ 的定义,若正弦半波电流的峰值为 I_M,则 $$I_{T(AV)} = \frac{1}{2\pi}\int_0^\pi I_M \sin\omega t \, \mathrm{d}(\omega t) = \frac{I_M}{\pi}$$ 该电流的有效值为 $$I_T = \sqrt{\frac{1}{2\pi}\int_0^\pi (I_M \sin\omega t)^2 \mathrm{d}(\omega t)} = \frac{I_M}{2}$$ 决定晶闸管结温的是管子损耗的发热效应,表征热效应的电流是以有效值表示的,不论流经晶闸管的电流的波形如何,导通角有多大,只要电流有效值相等,其发热就是相同的。因此,选择晶闸管时,通常按电流有效值相等来选择。对于不同的电路、不同的负载、不同的导通角,流过晶闸管的电流波形不一样,导致其电流平均值和有效值的关系也不一样。现定义某电流波形的有效值与平均值之比为这个电流的波形系数,用 K_f 表示。 因此,在正弦半波电流情况下的波形系数,即电流有效值和平均值之比为 $$K_f = \frac{I_T}{I_{T(AV)}} = \frac{\pi}{2} = 1.57$$ 例如,额定电流 $I_{T(AV)}=100$ A 的晶闸管,其允许通过的电流有效值 $I_T=157$ A。	

相关知识	笔记栏

不同的电流波形有不同的平均值与有效值,波形系数 K_f 也不同。在选用晶闸管的时候,首先要根据管子的额定电流求出元件允许流过的最大有效电流。不论流过晶闸管的电流波形如何,只要流过元件的实际电流最大有效值不大于管子的额定有效值,且散热冷却在规定的条件下,管芯的发热就能限制在允许范围内。

由于晶闸管的电流过载能力比一般电动机、电器要小得多,因此,在选择晶闸管额定电流时,根据实际最大的电流计算后要乘 1.5~2 的安全系数,使其具有一定的电流裕量,即

$$I_{T(AV)} = (1.5 \sim 2)I_T/1.57$$

(4) 通态平均电压 $U_{T(AV)}$。晶闸管正向通过通态平均电流时,阳极和阴极间的电压平均值称为通态平均电压,习惯上称为导通时管压降。当通态平均电流大小相同而通态平均电压较小时,晶闸管耗散功率也较小,则该管子的质量较好。通态平均电压 $U_{T(AV)}$ 分为 A~I 级,对应 0.4~1.2 V 共 9 个组别,如 A 组 $U_{T(AV)}$ = 0.4 V、F 组 $U_{T(AV)}$ = 0.9 V 等。

以上参数是选择晶闸管的主要技术数据,按有关规定,普通硅晶闸管型号中各部分的含义如图 1-2-10 所示。

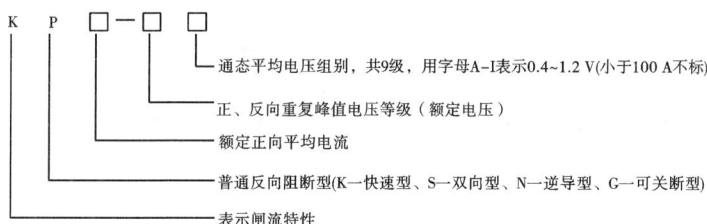

图 1-2-10 型号含义

如 KP5-7E 表示额定电流为 5 A、额定电压为 700 V 的普通晶闸管。

【例1】 一只晶闸管接在 220 V 交流回路中,通过器件的电流有效值为 100A,问选择什么型号的晶闸管?

解 晶闸管额定电压 $U_{Tn} = (2 \sim 3)U_{TM} = (2 \sim 3)\sqrt{2} \times 220 \text{ V} = 622 \sim 933 \text{ (V)}$

按晶闸管参数系列取 800 V,即 8 级。

晶闸管额定电流 $I_{T(AV)} = (1.5 \sim 2)\dfrac{I_T}{1.57} = (1.5 \sim 2)\dfrac{100}{1.57} \text{A} = 95 \sim 127 \text{ (A)}$

按晶闸管参数系列取 100 A,故选取 KP100-8E 型晶闸管。

(5) 维持电流 I_H 和擎住电流 I_L。在室温和门极断路的情况下,维持晶闸管继续导通所需的最小电流称为维持电流。它一般为几毫安到几百毫安。要使导通的晶闸管关断,必须使正向电流小于 I_H。维持电流大的晶闸管容易关断。维持电流与元件容量、结温等因素有关,同一型号的元件其维持电流 I_H 也不相同。通常在晶闸管的铭牌上标明了常温下的实测值。

相关知识	笔记栏
晶闸管一经触发导通就去掉触发信号,能使晶闸管保持导通所需要的最小阳极电流称为擎住电流 I_L。一般擎住电流 I_L 为维持电流 I_H 的几倍。欲使晶闸管触发导通,必须使触发脉冲保持到阳极电流上升到擎住电流以上,否则,会造成晶闸管重新恢复阻断状态,因此触发脉冲必须具有一定的宽度。 (6)通态电流临界上升率 di/dt。门极流入触发电流后,晶闸管开始只在靠近门极附近的小区域内导通,随着时间的推移,导通区域才逐渐扩大到 PN 结的全部面积。如果阳极电流上升得太快,则会导致门极附近的 PN 结因电流密度过大而烧毁,使晶闸管损坏。因此,对晶闸管必须规定允许的最大通态电流上升率,称通态电流临界上升率 di/dt。 (7)断态电压临界上升率 du/dt。晶闸管的结面积在阻断状态下相当于一个电容,若突然加一正向阳极电压,便会有一个充电电流流过结面,该充电电流流经靠近阴极的 PN 结时,产生相当于触发电流的作用,如果这个电流过大,会使元件误触发导通,因此,对晶闸管还必须规定允许的最大断态电压上升率。通常,把在规定条件下晶闸管直接从断态转换到通态的最大阳极电压上升率称为断态电压临界上升率 du/dt。 (8)门极触发电压 U_{GT} 和门极触发电流 I_{GT}。室温下在晶闸管阳极和阴极间加 6 V 正向电压时,使晶闸管从关断到完全导通所需要的最小门极电流称为门极触发电流 I_{GT},相应的门极电压称为门极触发电压 U_{GT}。需要说明的是,为了保证晶闸管触发的灵敏度,各生产厂家的 U_{GT} 和 I_{GT} 的值不得超过标准规定的数值。但对用户而言,设计的实用触发电路提供给门极的电压和电流应适当大于标准值,才能使晶闸管可靠触发导通。 5.晶闸管的保护 晶闸管虽然具有很多优点,但是,它们承受过电压和过电流的能力很差,这是晶闸管的主要弱点。因此,在各种晶闸管装置中必须采取适当的保护措施。 (1)晶闸管的过电流保护。由于晶闸管的热容量很小,一旦发生过电流,温度就会急剧上升而可能把 PN 结烧坏,造成元件内部短路或开路。晶闸管发生过电流的原因主要有:负载端过载或短路;某个晶闸管被击穿短路,造成其他元件的过电流;触发电路工作不正常或受干扰,使晶闸管误触发,引起过电流。 晶闸管承受过电流能力很差,如一个 100 A 的晶闸管,它的过电流能力如表 1-2-2 所示。这就是说,当 100 A 的晶闸管过电流为 400 A 时,仅允许持续 0.02 s,否则会因过热而损坏。由此可知,晶闸管允许在短时间内承受一定的过电流。因此,过电流保护的作用就在于当发生过电流时,在允许的时间内将过电流切断,以防止元件损坏。 表 1-2-2 晶闸管的过载时间和过载倍数的关系 	过载时间	0.02 s	5 s	5 min
---	---	---	---
过载倍数	4	2	1.25		

相关知识	笔记栏
晶闸管过电流保护措施有下列几种： 1）快速熔断器。普通熔断丝由于熔断时间长，用来保护晶闸管时，很可能在晶闸管烧坏之后熔断器还没有熔断，这样就起不到保护作用。因此，必须采用专门用于保护晶闸管的快速熔断器。快速熔断器用的是银质熔丝，在同样的过电流倍数下，它可以在晶闸管损坏之前熔断，这是晶闸管过电流保护的主要措施。 快速熔断器的接入方式有三种，如图 1-2-11 所示。其一是快速熔断器接在输出（负载）端，这种接法对输出回路的过载或短路起保护作用，但对元件本身故障引起的过电流不起保护作用。其二是快速熔断器与元件串联，可以对元件本身的故障进行保护。以上两种接法一般需要同时采用。其三是快速熔断器接在输入端，这样可以同时对输出端短路和元件短路实现保护，但是熔断器熔断之后，不能立即判断是什么故障。熔断器的电流定额应该尽量接近实际工作电流的有效值，而不是按所保护的元件的电流定额（平均值）选取。 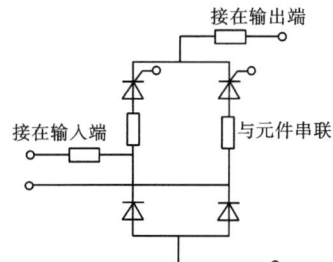 图 1-2-11　快速熔断器的接入方法 2）过电流继电器。在输出端（直流侧）装直流过电流继电器，或在输入端（交流侧）经电流互感器接入灵敏的过电流继电器，都可在发生过电流故障时动作，使输入端的开关跳闸。这种保护措施对过载是有效的，但是在发生短路故障时，由于过电流继电器的动作及自动开关的跳闸都需要一定时间，如果短路电流比较大，这种保护方法不是很有效。 3）过流截止保护。利用过电流的信号将晶闸管的触发脉冲移后，使晶闸管的导通角减小或者停止触发。 （2）晶闸管的过电压保护。晶闸管耐过电压的能力极差，当电路中电压超过其反向击穿电压时，即使时间极短，也容易损坏。如果正向电压超过其转折电压，则晶闸管误导通，这种误导通次数频繁时，导通后通过的电流较大，也可能使元件损坏或使晶闸管的特性下降。因此，必须采取措施消除晶闸管上可能出现的过电压。引起过电压的主要原因是电路中一般接有电感元件，在切断或接通电路时，从一个元件导通转换到另一个元件导通时，以及熔断器熔断时，电路中的电压往往都会超过正常值。有时雷击也会引起过电压。晶闸管过电压的保护措施有下列几种： 1）阻容保护。可以利用电容来吸收过电压，其实质就是将造成过电压的能量变成电场能量储存到电容中，然后释放到电阻中消耗掉。这是过电压保护的基本方法。阻容吸收元件可以并联在整流装置的交流侧（输入端）、直流侧（输出端）或元件侧，如图 1-2-12 所示。	

相关知识	笔记栏
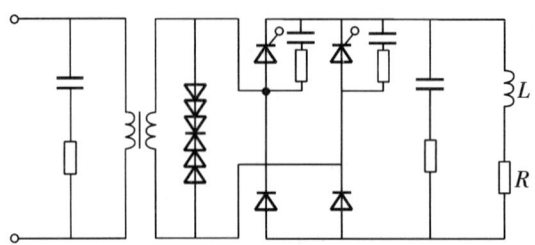 图1-2-12　阻容吸收元件与硒堆保护 2）硒堆保护。硒堆（硒整流片）是一种非线性电阻元件，具有较陡的反向特性。当硒堆上电压超过某一数值后，它的电阻迅速减小，而且可以通过较大的电流，把过电压能量消耗在非线性电阻上，而硒堆并不损坏。硒堆可以单独使用，如图1-2-12所示电路，也可以和阻容元件并联使用。 三、绝缘栅双极晶体管 IGBT是20世纪80年代出现的一种新型复合器件。它将金属氧化物半导体场效应晶体管（MOSFET）和电力晶体管（或称巨型晶体管，缩写为GTR）的优点集于一身，既具有输入阻抗高、工作速度快、热稳定性好和驱动电路简单的特点，又有通态电压低、耐压高和承受电流大等优点，因此发展很快，在电动机控制、中频和开关电源以及要求快速、低损耗的领域备受青睐。目前，IGBT的生产水平为2500 V、1000 A，而研制水平可达到4500 V、2500 A。IGBT未来的发展趋势是高电压、低损耗，并趋向于将控制和数控逻辑集成于一体，将散热器也引入功率模块。	 绝缘栅双极晶体管（IGBT）

实操任务布置	笔记栏
任务：电力电子器件的检测 1. IGBT 的认识与检测 IGBT 管的好坏可用指针万用表的"R×1k"挡来检测，或用数字式万用表的"二极管"挡来测量 PN 结正向压降进行判断。检测前先将 IGBT 管 3 只引脚短路放电，避免影响检测的准确度。 （1）判断极性。如图 1-2-13 所示，首先将万用表拨在"R×1k"挡，用万用表测量时，若某一极与其他两极阻值为无穷大，调换表笔后该极与其他两极的阻值仍为无穷大，则判断此极为栅极（G）。其余两极再用万用表测量，若测得阻值为无穷大，调换表笔后测量阻值较小。在测量阻值较小的一次中，则判断红表笔接的为集电极（C），黑表笔接的为发射极（E）。 （2）判断好坏。将万用表拨在"R×10k"挡，用黑表笔接 IGBT 的集电极（C），红表笔接 IGBT 的发射极（E），此时万用表的指针在零位。用手指同时触及一下栅极（G）和集电极，这时 IGBT 被触发导通，万用表的指针摆向阻值较小的方向，并能保持指示在某一位置。然后再用手指同时触及一下栅极和发射极，这时 IGBT 被阻断，万用表的指针回零，此时即可判断 IGBT 是好的。 （3）注意事项 1）检测前先将 IGBT 管 3 只引脚短路放电，避免影响检测的准确度。 2）判断 IGBT 好坏时，一定要将万用表拨在"R×10 k"挡，因"R×1 k"挡以下各挡对应的万用表内部电池电压太低，检测好坏时不能使 IGBT 导通，而无法判断 IGBT 的好坏。	 电力电子元器件质量判别

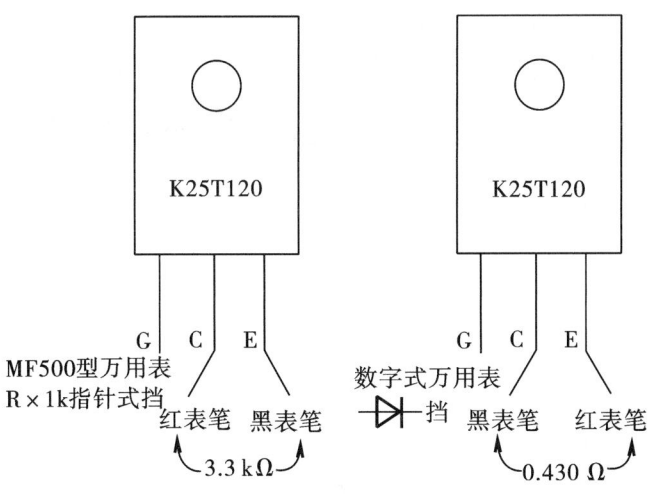

图 1-2-13 IGBT 检测示意图

3）对于正常的 IGBT 管（正常 G、E 两极与 G、C 两极间的正反向电阻均为无穷大；内含阻尼二极管的 IGBT 管正常时 E、C 极间均有 4 kΩ 正向电阻），上述所测值均为无穷大。最后，用指针式万用表的红笔接 C 极，黑笔接 E 极，若所测值在 3.5 kΩ 左右，则所测管为含阻尼二极管的 IGBT 管；若所测值在 50 kΩ 左右，则所测 IGBT 管内不含阻尼二极管。对于数字式万用表，正常情况下，IGBT 管的 C、E 极间

实操任务布置	笔记栏
正向压降约为 0.5 V。 2. 晶闸管的简易测试及导通与关断测试 (1) 用万用表粗测元件好坏。如图 1-2-14 所示,用万用表"R×1k"电阻挡,测量两只晶闸管的阳极 A 与阴极 K 之间的正、反向电阻 R_{AK} 和 R_{KA};再用万用表"R×10"挡,测量两只晶闸管的门极 G 与阴极 K 之间的正、反向电阻 R_{GK} 和 R_{KG}。将所测数据填入表 1-2-3 中,并判断被测晶闸管的好坏。 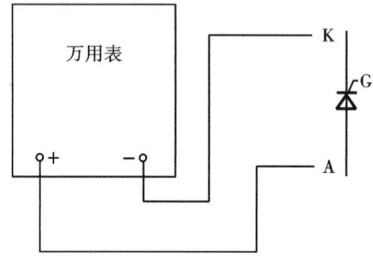 1-2-14 晶闸管好坏测试 表 1-2-3 数据记录 	被测晶闸管	R_{AK}	R_{KA}	R_{GK}	R_{KG}	结论
---	---	---	---	---	---
					| (2) 晶闸管导通测试(图 1-2-15) 1) 先将 S_1 ~ S_3 断开,闭合 S_4,加 30 V 正向阳极电压,然后让门极开路或接 -4.5 V 电压,观看晶闸管是否导通,灯泡是否亮。 2) 加 30 V 反向阳极电压,门极开路、接 -4.5 V 或接 +4.5 V 电压,观看晶闸管是否导通,灯泡是否亮。 3) 阳极、门极都加正向电压,观看晶闸管是否导通,灯泡是否亮。 4) 灯亮后去掉门极,看灯泡是否亮;再加 -4.5 V 反向门极电压,看灯泡是否继续亮。为什么? (3) 晶闸管关断测试(图 1-2-15) 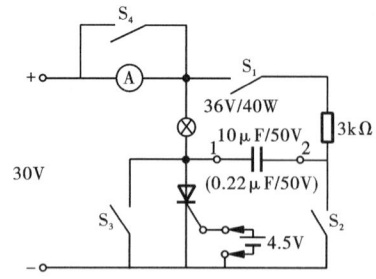 图 1-2-15 晶闸管导通与关断测试电路	

实操任务布置	笔记栏
1）接通+30 V电源，再接通+4.5 V正向门极电压，使晶闸管导通，灯泡亮，然后断开门极电压。 2）去掉30 V阳极电压，观察灯泡是否亮。 3）接通30 V正向阳极电压及正向门极电压使灯泡亮，而后闭合S_1，断开门极电压，然后接通S_2，看灯泡是否熄灭。 4）在1、2端换接上0.22 μF/50 V的电容再重复步骤3），观察灯泡是否熄灭，为什么？ 5）再把晶闸管导通，断开门极电压，然后闭合S_3，再立即打开S_3，观察灯泡是否熄灭。为什么？ 6）断开S_4，再使晶闸管导通，断开门极电压。逐渐减小阳极电压，当电流表指针由某值突降到零时，该值就是被测晶闸管的维持电流。此时，若再升高阳极电源电压，灯泡也不再发亮，说明晶闸管已经关断。 （4）注意事项 1）用万用表测试晶闸管极间电阻时，不要用"R×10k"挡，以防损坏门结，一般应放在"R×10"挡测量。 2）用万用表测量晶闸管门极和阴极之间的正向电阻时，有时会发现表的旋钮放在不同电阻挡的位置，读出的R_{GK}的值相差很大。这是由于旋钮放在不同位置时，加到晶闸管J_3结的正向电压数值不同，这是J_3结的非线性特性所致。因此，用万用表测试晶闸管各极间的电阻时，其旋钮应放在同一挡测量。 3）用万用表测量晶闸管门极和阴极之间的正向电阻时，旋钮放在"R×10"挡，有时管的正、反向电阻很接近，这种现象还不能判断管子的好坏，特别是大电流的晶闸管或者塑封管子，门极电阻都很小为10~20 Ω，要留心观察它们的差别，只要正向电阻值比反向电阻值小一些，一般来说被测管子是好的。	

项目二 交-交变频电路的分析与测试

任务一 单相桥式全控整流电路的分析与测试

任务实施人员信息					
姓名		学号		专业班级	
隶属组		组长		伙伴成员	
任务简介					
任务名称	单相桥式全控整流电路的分析与测试		课时规划	2	
项目名称	交-交变频电路的分析与测试		所属课程	变频器应用技术	
考核点	波形分析				
任务内容介绍	任务描述： 在交-交变频电路（图2-1-1）中，主要通过两组三相变流桥工作在整流和逆变两个状态来实现变频的，而单相桥式相控整流电路是基础。该任务主要分析单相桥式全控整流电路的工作原理、观测输出波形，分析出输出波形随触发角 α 的变化规律，以及带不同性质负载时的输出波形情况，并通过输出波形分析出电路故障。 图 2-1-1 交-交变频电路 任务分析： 单相桥式全控整流电路主要是由普通晶闸管来实现的，随着晶闸管触发脉冲到来时间的不同，输出波形也会随之不同，而且触发脉冲必须在晶闸管正偏情况下到来，才能使晶闸管触发导通。因此，必须在掌握晶闸管的导通与关断原理的基础上，来分析单相桥式全控整流电路的工作原理和输出波形观测。 任务要求： 1. 合理选择晶闸管的型号，并搭建单相桥式全控整流电路。 2. 利用示波器观测不同触发角、不同负载时输出波形的变化情况，并画出电阻性负载和电阻电感性负载，α 角分别为 30°、60°、90° 时的 U_d、U_{VT} 的波形。 3. 边操作边讲解进行任务展示。 4. 2人一个小组，成员协作完成。					

	任务简介
任务目标	知识目标： 1. 掌握单相桥式全控整流电路带电阻性、电阻电感性负载时的工作情况。 2. 了解续流二极管在单相桥式全控整流电路中的作用。 能力目标： 能够熟练进行输出波形的观测与分析。 素养目标： 1. 团队协作　2. 工程实践　3. 分析问题

	任务资讯(准备)(20分)	笔记栏
知识准备	1. 晶闸管导通和关断的条件各是什么?(4分) 2. 画出二极管组成的单相桥式整流电路的输出波形。(4分) 3. 什么是触发角?什么是导通角?(4分) 4. 分析纯电阻负载和感性负载时,负载两端的电压与流过负载的电流之间的相位关系各是什么。(4分)	
实训器具准备	1. 实训设备(表2-1-1)。 表2-1-1 实训设备 | 序号	型号	备注
1	DJK01 电源控制屏	该控制屏包含三相电源输出励磁电源等模块
2	DJK02 三相变流桥路	该挂件包含晶闸管、电感等模块
3	DJK03 晶闸管触发电路	该挂件包含锯齿波同步触发电路模块
4	DJK06 负载及吸收电路	该挂件包含二极管、开关等模块
5	DK04 滑线变阻器	串联形式 0.65 A/2 kΩ,并联形式 1.3 A/500 Ω | 2. 工具。(2分) 3. 仪器仪表(2分)	
场地准备	1. 实训室卫生 2. 实训室通风 3. 实训台清理 4. 示波器、万用表等实训设备的摆放 5. 电源的准备	

	任务设计、实施与汇报(80分)	笔记栏
任务设计 (10分)	1. 单相桥式全控整流主电路设计(4分) 画出单相桥式全控整流电路接线图。 2. 输出波形分析(6分) 分别画出理想状况下 α=60°时纯电阻负载与大电感时的输出波形。	
任务实施与汇报 (60分)	任务实施步骤： 1. 团队组建与成员分工。(2分) 2. 选择晶闸管型号。(3分) 3. 搭建单相桥式全控整流电路。(10分) 4. 波形观测(α=0°、60°、90°、120°、180°)。(20分) (1)纯电阻负载时(写出操作步骤并记录) (2)大电感负载时(写出操作步骤并记录) 5. 分析总结。(5分) 6. 任务展示汇报。(20分) 7. 场地清理。(3分) 注意事项： 1. 触发脉冲从外部接入 DJK02 面板上晶闸管的门极和阴极，此时应将所用晶闸管对应的正桥触发脉冲或反桥触发脉冲的开关拨向"断"的位置，并将 U_{lf} 及 U_{lr} 悬空，避免误触发。 2. 注意环境卫生和废料的环保处理。 3. 团队成员要协作完成任务，不可一个人独自完成。	
存在问题及解决办法 (10分)		

任务考评				
评分项	分值	作答及操作要求	评分标准	得分
任务资讯	20	问题回答清晰准确,能够紧扣主题,没有明显错误项	对照标准答案错误一项扣1分,扣完为止	
任务设计与实施	50	操作规范,万用表挡位选择适当、使用方法正确,废料处理符合环保要求	任务设计10分	
			组建团队及成员分工2分	
			选择晶闸管型号3分	
			搭建单相桥式全控整流电路8分	
			观测纯电阻时的输出波形10分	
			观测感性负载时的输出波形10分	
			分析总结5分	
			场地清理2分	
任务展示汇报	20	语言简练、思路清晰、操作规范、方法正确	语言表达不清扣2分,操作错误一处扣1~3分,扣完为止	
存在问题及解决办法	10	问题合理、解决方法正确合理	解决方法错误一处扣2分,扣完为止	
合计				

相关知识	笔记栏

一、单相桥式全控整流电路

1. 电阻性负载

图 2-1-2 所示为电阻负载的单相桥式全控整流电路,电路由 4 只晶闸管 VS_1、VS_4 和 VS_2、VS_3 两对桥臂,电源变压器 T 及负载电阻 R 组成。变压器二次电压 u_2 接在桥臂的中点 a、b 端。

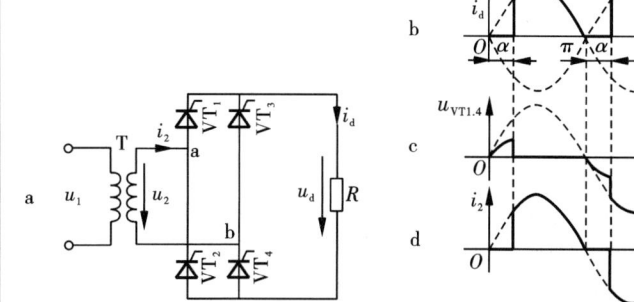

图 2-1-2 电阻负载的单相桥式全控整流电路及波形

当变压器二次电压 u_2 为正半周时,a 端电位高于 b 端电位,两个晶闸管 VS_1 与 VS_4 同时承受正向电压,如果此时门极无触发信号,则两晶闸管均处于正向阻断状态。忽略晶闸管的正向漏电流,电源电压 u_2 将全部加在 VS_1 与 VS_4 上。当 $\omega t = \alpha$ 时,给 VS_1、VS_4 同时加触发脉冲,两只晶闸管立即被触发导通,电源电压 u_2 将通过 VS_1、VS_4 加在负载 R 上,负载电流 i_d 从电源 a 端经 VS_1、电阻 R、VS_4 回到电源的 b 端。在 u_2 正半周期,VS_2、VS_3 均承受反向电压而处于阻断状态。由于设晶闸管导通时管压降为零,则负载 R 两端的整流电压 u_d 与电源电压 u_2 正半周的波形相同。当电源电压 u_2 降到零时,电流 i_d 也降为零,VS_1 和 VS_4 关断。

在 u_2 负半周,b 端电位高于 a 端电位,VS_2、VS_3 承受正向电压,当 $\omega t = \pi + \alpha$ 时,同时给 VS_2、VS_3 加触发脉冲使其导通,电流从 b 端经 VS_2、电阻 R、VS_3 回到电源的 a 端,在负载 R 两端获得与电源电压 u_2 正半周相同波形的整流电压和电流,这期间 VS_1、VS_4 均承受反向电压而处于阻断状态。在 u_2 过零重新变正时,VS_2、VS_3 关断,u_d、i_d 又降为零。此后,VS_1、VS_4 又承受正向电压,并在相应时刻 $\omega t = 2\pi + \alpha$ 时被触发导通。如此循环工作,输出整流电压 u_d、电流 i_d 及晶闸管两端电压 u_S 的波形如图 2-1-2b、c、d 所示。

由以上电路工作原理可知,在交流电源电压 u_2 的正、负半周里,VS_1、VS_4 和 VS_2、VS_3 两组晶闸管轮流被触发导通,将交流电转变成脉动的直流电。改变 α 角的大小,负载电压 u_d、负载电流 i_d 的波形及整流输出直流电压平均值均相应改变。晶闸管 VS_1 两端承受的电压 u_{S1} 的波形如图 2-1-2c 所示,晶闸管在导通段管压降为零 ($\omega t = \alpha \sim \pi$ 期间),故其波形是与横轴重合的直线段,晶闸管承受的最高反向电压为 $-\sqrt{2}\,U_2$。假定两晶闸管漏电阻相等,当晶闸管都处在未被触发导通期间,每个元器件承受的电压等于 $\pm\sqrt{2}\,U_2/2$,如图 2-1-2c 中 u_S 波形的 $0 \sim \alpha$ 区间。

相关知识	笔记栏
基本数量关系如下： (1) 输出直流电压平均值 U_d 及有效值 U： $$U_d = \frac{1}{\pi}\int_\alpha^\pi \sqrt{2}\,U_2(1+\cos\alpha) = 0.9U_2\frac{1+\cos\alpha}{2}$$ 由上式可知，直流电压平均值 U_d 是控制角 α 的函数，是单相半波时的 2 倍。当 $\alpha=0°$ 时，$U_d=0.9U_2$ 为最大值；当 $\alpha=\pi$ 时，$U_d=0$，故 α 移相范围为 $0\sim\pi$。输出电压有效值 U 是单相半波时的 $\sqrt{2}$ 倍，即 $$U=\sqrt{2}\,U_2\sqrt{\frac{1}{4\pi}\sin\alpha+\frac{\pi-\alpha}{2\pi}} = U_2\sqrt{\frac{1}{2\pi}\sin2\alpha+\frac{\pi-\alpha}{\pi}}$$ (2) 输出直流电流平均值 I_d： $$I_d=\frac{U_d}{R}=0.9\frac{U_2}{R}\frac{1+\cos\alpha}{2}$$ (3) 晶闸管电流平均值 I_{dT}。晶闸管电流由于两对晶闸管轮流导通，在一个正弦周期内各导通 180°，故流过各晶闸管上的电流平均值 I_{dT} 为 $$I_{dT}=\frac{1}{2}I_d=0.45\frac{U_2}{R}\frac{1+\cos\alpha}{2}$$ (4) 功率因数 $\cos\varphi$： $$\cos\varphi=\frac{P}{S}=\frac{UI}{U_2I}=\sqrt{\frac{1}{2\pi}\sin2\alpha+\frac{\pi-\alpha}{\pi}}$$ **2. 大电感负载** 工业应用中如直流电动机的励磁线圈、滑差电动机电磁离合器励磁线圈以及输出串接平波电抗器的负载等，均属于电感性负载。为了便于分析，通常将其等效为电阻与电感串联，单相全控桥式整流带大电感负载的电路如图 2-1-3a 所示。 电感线圈是储能元件，当电流 i_d 流过线圈时，该线圈就储存磁场能量，i_d 越大，线圈储存的磁场能量也越大。随着 i_d 逐渐减小，电感线圈就要将所储存的磁场能量释放出来，电感本身是不消耗能量的。 当流过 L_d 中的电流变化时，要产生自感电动势，其大小为 $$e_L=-L_d\frac{\mathrm{d}i}{\mathrm{d}t}$$ 自感电动势将阻碍电流的变化。其方向总是与阻碍电流的变化方向相同。 当 $\omega t=\omega t_1=\alpha$ 时，晶闸管 VS_1、VS_4 被触发导通，电源电压 u_2 突然加在负载上，由于电感性负载电流不能突变，电路需经一段过渡过程，此时电路电压瞬时值方程为： $$u_2=L_d\frac{\mathrm{d}i_d}{\mathrm{d}t}+i_dR_d=u_L+u_R$$ 在 $\omega t_1<\omega t\leqslant\omega t_2$ 区间，晶闸管 VS_1、VS_4 被触发导通后，由于 L_d 的作用，这期间电源 u_2 不仅要向负载 R_d 供给有功功率，还要向电感线圈 L_d 供给磁场能量的无功功率。 在 $\omega t_2<\omega t<\omega t_4$ 区间，u_2 过零开始变负，对晶闸管 VS_1、VS_4 是反向电压，但是另一方面由于 i_d 的减小，在 L_d 两端所产生的电动势 e_L 极性对晶闸管是正向电压，故只要 e_L 略大于 u_2，晶闸管 VS_1、VS_4 仍然承受着正向电压而继续导通，在电感量足够大的	

相关知识	笔记栏

情况下,直到 VS$_2$、VS$_3$ 的触发脉冲到来,VS$_2$、VS$_3$ 触发导通,VS$_1$、VS$_4$ 承受反压而关断。在这区间 L_d 不断释放出磁场能量,除部分继续向负载 R_d 提供消耗能量外,其余就回馈给交流电网 u_2。

单相全控桥式整流带大电感负载的波形如图2-1-3b所示。由图2-1-3b可见,电感 L_d 的存在使负载电压 u_d 波形出现负值,但正面积总是大于负面积。其结果使负载直流电压平均值 U_d 减小。

在 0°≤α<90°范围内,u_d 波形出现负面积,这输出电压平均值 U_d 与控制角 α 的关系为

$$U_d = \frac{1}{\pi} \int_{\alpha}^{\pi=\alpha} \sqrt{2} U_2 \sin\omega t d(\omega t) = \frac{2\sqrt{2}}{\pi} U_2 \cos\alpha = 0.9 U_2 \cos\alpha$$

当 α=0°时,u_d 波形不出现负面积,为单相不可控桥式整流电路输出电压波形,其平均值为 $0.9U_2$。

输出电流 i_d 为脉动很小的直流,其算式为

$$i_d \approx I_d = U_d/R_d$$

晶闸管的电流平均值、有效值以及管子可能承受的最大电压分别为

$$I_{dT} = \frac{1}{2}I_d, I_T = \sqrt{\frac{1}{2}}I_d, U_{TM} = \pm\sqrt{2}U_2$$

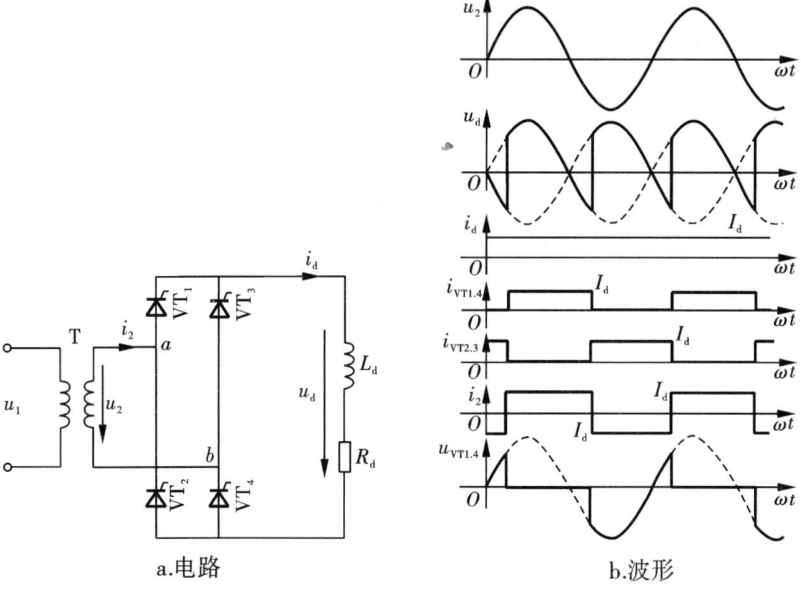

a.电路　　　　　　　b.波形

图2-1-3　单相全控桥带阻感负载时的电路及波形

当 α=90°时,晶闸管被触发导通,一直要持续到下半周接近于90°时才被关断,负载两端 u_d 波形的正、负面积几乎相等,输出电压平均值 U_d 接近于零,其输出电流波形是一条幅度很小的脉动直流。在 α>90°时,无论如何调节 α,u_d 波形正、负面积都相等,且波形断续,此时输出电压平均值为零。可见,不接续流管时,α 的有效

相关知识	笔记栏
移相范围只能是 0°~90°。 为了扩大移相范围,不让 u_d 波形出现负值以及使输出电流更加平稳,可在负载两端并接续流二极管,如图 2-1-4 所示。接续流二极管后,α 的移相范围可扩大到 0°~180°。α 在这区间内变化,只要电感量足够大,输出电流 i_d 就可保持连续且平稳。在电源电压 u_2 过零变负时,续流二极管承受正向电压而导通,晶闸管承受反向电压被关断,这样 u_d 波形与电阻性负载相同。负载电流 i_d 是由晶闸管 VS_1 和 VS_4、VS_2 和 VS_3、续流二极管相继轮流导通而形成的。u_S 波形与电阻性负载时相同。 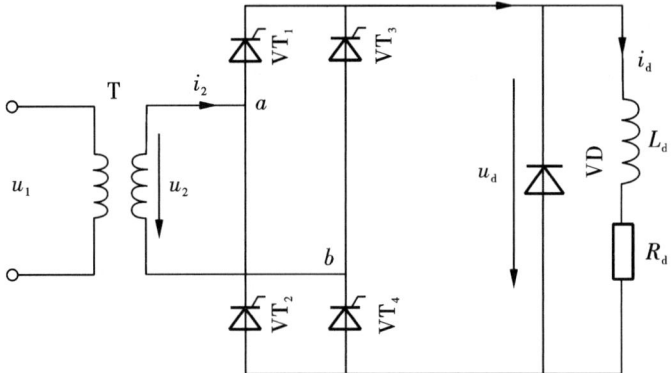 图 2-1-4 单相全控桥带阻感负载并接续流二极管时的电路及波形 由于该二极管是为电感性负载在晶闸管关断时提供续流回路,故此二极管称为续流二极管,简称续流管。 单相桥式全控整流电路,具有输出电压脉动小、电压平均值大、整流变压器没有直流磁化及利用率高等优点,但使用的晶闸管器件较多,工作时要求桥臂两管同时导通,脉冲变压器二次侧要求有 3 个或 4 个绕组,绕组间要承受 u_2 耐压,绝缘要求较高。单相全控桥式整流电路较适合在逆变电路中应用。	

实操任务布置	笔记栏
单相桥式全控整流电路的波形观测 **1. 所需设备及仪器仪表** 实训所需设备、工具、仪器仪表如表 2-1-1 所列,另外还需双踪示波器、万用表。 **2. 接线及原理图** 本实验线路如图 2-1-5 所示,两组锯齿波同步移相触发电路均在 DJK03 挂件上,它们由同一个同步变压器保持与输入的电压同步,触发信号加到共阴极的两个晶闸管,其中的 R 用 DK04 滑线变阻器接成并联形式,二极管 VD_3 及开关 S1 均在 DJK06 挂件上,电感 L_d 在 DJK02 面板上,有 100 mH、200 mH、700 mH 这 3 挡可供选择,本实验用 700 mH,直流电压表、电流表从 DJK02 挂件获得。 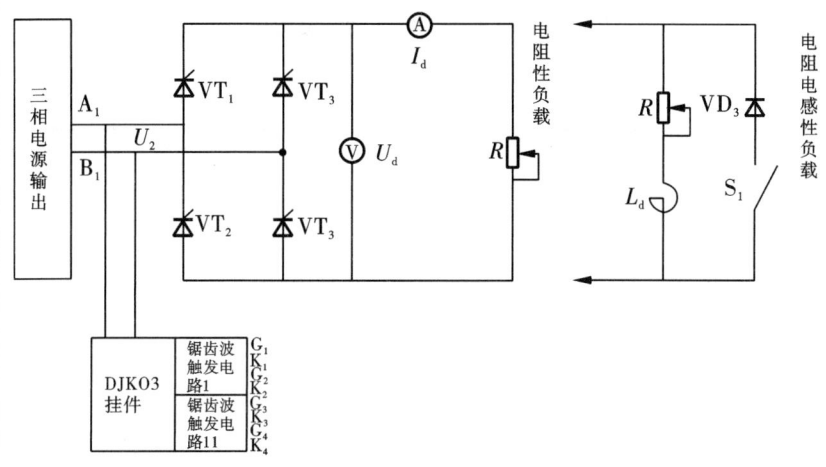 图 2-1-5 实验线路 **3. 任务实施步骤** (1)将 DJK01 电源控制屏的电源选择开关打到"直流调速"侧,使输出线电压为 220 V,用两根导线将 220 V 交流电压接到 DJK03 的"外接 220 V"端,按下"启动"按钮,打开 DJK03 电源开关,用双踪示波器观察"锯齿波同步触发电路"各观察孔的波形。 (2)锯齿波同步移相触发电路调试:令 $U_{ct}=0$ 时(R_{P2} 电位器顺时针转到底),$\alpha=170°$。 (3)单相桥式全控整流电路带电阻性负载。按原理图接线,主电路接可调电阻 R,将滑线变阻器调到最大阻值位置,按下"启动"按钮,用示波器观察负载电压 U_d、晶闸管两端电压 U_{VS} 的波形,调节锯齿波同步移相触发电路上的移相控制电位器 R_{P2},观察并记录在不同 α 角时 U_d、U_{VS} 的波形,测量相应电源电压 U_2 和负载电压 U_d 的数值,记录于表 2-1-2 中。	 单相桥式全控整流电路波形观测

实操任务布置						笔记栏
表 2-1-2 数据记录						
α	30°	60°	90°	120°	150°	
U_4(记录值)						
U_4/U_2						
U_4(计算值)						

4.注意事项

在本任务实施过程中,触发脉冲是从外部接入 DJK02 面板上晶闸管的门极和阴极,此时,应将所用晶闸管对应的正桥触发脉冲或反桥触发脉冲的开关拨向"断"的位置,并将 U_{lf} 及 U_{lr} 悬空,避免误触发。

任务二 三相桥式全控整流电路的分析与测试

任务实施人员信息					
姓名		学号		专业班级	
隶属组		组长		伙伴成员	
任务简介					
任务名称	三相桥式全控整流电路的分析与测试		课时规划		2
项目名称	交-交变频电路的分析与测试		所属课程		变频器应用技术
考核点	波形分析				
任务内容	任务描述： 单相可控整流电路输出电压的脉动较大，当所带的负载较重时，会因单相供电而引起三相电网不平衡，故只适用于小容量(4 kW 以下)的设备中。当容量较大(超过 4 kW)、输出电压脉动要求较小、对控制的快速性有要求时，则多采用三相可控整流电路。三相桥式全控整流电路输出电压脉动小，脉动频率高，基波频率为 300 Hz，同时三相电流平衡，不需要中线。因此，三相桥式全控整流电路(图 2-2-1)多用于直流电动机或要求实现有源逆变的负载。在交-交变频电路中，主要通过两组三相变流桥来实现变频的。该任务主要分析三相桥式全控整流电路的工作原理、观测输出波形，分析出输出波形随触发角 α 的变化规律，以及带不同性质负载时的输出波形情况，并通过输出波形分析出电路故障。 图 2-2-1 三相桥式全控整流电路 任务分析： 三相桥式全控整流电路主要是由普通晶闸管组成的一组共阴极三相半波整流电路和一组共阳极三相半波整流电路串联而成；共阴极组的晶闸管阳极电位高的优先导通，共阳极组的晶闸管阴极电位低的优先导通；同一相上下两只晶闸管的编号相差 3，晶闸管换相时按照 1-2-3-4-5-6 的顺序来换相；随着晶闸管触发脉冲到来时间的不同，输出波形也会随之不同；每只晶闸管承受的最高正反向电压为线电压的峰值。在了解这些特点的基础上，来分析三相桥式全控整流电路的工作原理和输出波形观测。					

任务简介	
任务内容	任务要求： 1. 合理选择晶闸管的型号，并搭建三相桥式全控整流电路。 2. 利用示波器观测不同触发角、不同负载时输出波形的变化情况，并画出电阻性负载和电阻电感性负载，α 角分别为 30°、60°、90°、120°、150°时的整流电压 U_d、晶闸管两端电压 U_{VS} 的波形。 3. 边操作边讲解进行任务展示。 4. 2 人一个小组，成员协作完成。
任务目标	知识目标： 1. 掌握三相桥式全控整流电路不同延迟角时的电压、电流波形分析方法。 2. 了解三相桥式全控整流电路对触发脉冲的要求。 能力目标： 能够熟练进行输出波形的观测与分析。 素养目标： 1. 团队协作。2. 工程实践。3. 分析问题。

项目二 交-交变频电路的分析与测试

	任务资讯(准备)（20分）	笔记栏
知识准备	1. 画出三相桥式全控整流电路的主电路。(4分) 2. 三相桥式全控整流电路采用什么样的触发脉冲？(4分) 3. 画出三相桥式全控整流电路 $\alpha=0°$ 时的输出电压 U_d 波形。(4分)	
实训器具准备	1. 列出所需实训设备(4分) 2. 列出所需工具(2分) 3. 列出所需仪器仪表(2分)	
场地准备	1. 实训室卫生。 2. 实训室通风。 3. 实训台清理。 4. 示波器、万用表等实训设备的摆放。 5. 电源的准备。	

任务设计、实施与汇报(80分)		笔记栏
任务设计(10分)	1. 三相桥式全控整流主电路设计(4分) 画出三相桥式全控整流电路接线图。 2. 输出波形分析(6分) 画出 VS_5 发生开路故障时的输出电压 U_d 波形。	
任务实施与汇报65分	任务实施步骤： 1. 团队组建与成员分工。(2分) 2. 选择晶闸管型号。(3分) 3. DJK02 上"触发电路"的调试(写出操作步骤)。(10分) 4. 搭建三相桥式全控整流电路。(5分) 5. 波形观测($\alpha=0°、60°、90°$)(15分) (1)纯电阻负载时(写出操作步骤并记录) (2)大电感负载时(写出操作步骤并记录) 6. 故障现象的模拟。(5分) 7. 分析总结。(3分) 8. 任务展示汇报。(20分) 9. 场地清理。(2分)	三相桥式全控整流电路分析测试注意事项
存在问题及解决办法(5分)		

任务考评					
评分项	分值	作答及操作要求	评分标准		得分
任务资讯	20	问题回答清晰准确,能够紧扣主题,没有明显错误项。	对照标准答案错误一项扣1分,扣完为止		
任务设计与实施	55	操作规范,万用表挡位选择适当、使用方法正确,废料处理符合环保要求	任务设计10分		
			组建团队及成员分工2分		
			选择晶闸管型号3分		
			DJK02上"触发电路"的调试10分		
			搭建单相桥式全控整流电路5分		
			观测输出波形15分		
			故障模拟5分		
			分析总结3分		
			场地清理2分		
任务展示汇报	20	语言简练、思路清晰、操作规范、方法正确	语言表达不清扣2分,操作错误一处扣1~3分,扣完为止		
存在问题及解决办法	5	问题合理、解决方法正确合理	解决方法错误一处扣1分,扣完为止		
合计					

相关知识	笔记栏
三相桥式全控整流电路 图 2-2-2a 所示为三相桥式全控整流电路,它可看成是由一组共阴接法和另一组共阳接法的三相半波可控整流电路串联而成。共阴组 VS_1、VS_3 和 VS_5 在正半周导电,流经变压器的电流为正向电流;共阳组 VS_4、VS_6 和 VS_2 在负半周导电,流经变压器的电流为反向电流。变压器每相在正、负半周都由电流流过,因此,变压器绕组中没有直流磁通势,同时也提高了变压器绕组的利用率。现在分析如下。 1. 工作原理 图 2-2-2b 所示为三相桥式全控整流电路当 $\alpha=0°$ 时的电压波形。触发电路先后向各自所控制的 6 只晶闸管的门极(对应自然换相点)送出触发脉冲,即在三相电源电压正半波的 1、3、5 点(正半波自然换相点)向共阴极组晶闸管 VS_1、VS_3、VS_5 输出触发脉冲;在三相电源电压负半波的 2、4、6 点(负半波自然换相点)向共阳极组晶闸管 VS_2、VS_4、VS_6 输出触发脉冲。负载上所得到的整流输出电压 u_d 波形为三相电源相电压波形正、负半周包络线,如图 2-2-2b 所示,或由三相电源线电压 u_{UV}、u_{UW}、u_{VW}、u_{VU}、u_{WU} 和 u_{WV} 的正半波所组成的包络线,如图 2-2-2c 所示。图中各线电压的交点处 1~6 就是三相桥式全控整流电路 6 只晶闸管 VS_1~VS_6 的自然换相点,也就是晶闸管触发延迟角 α 的起始点。 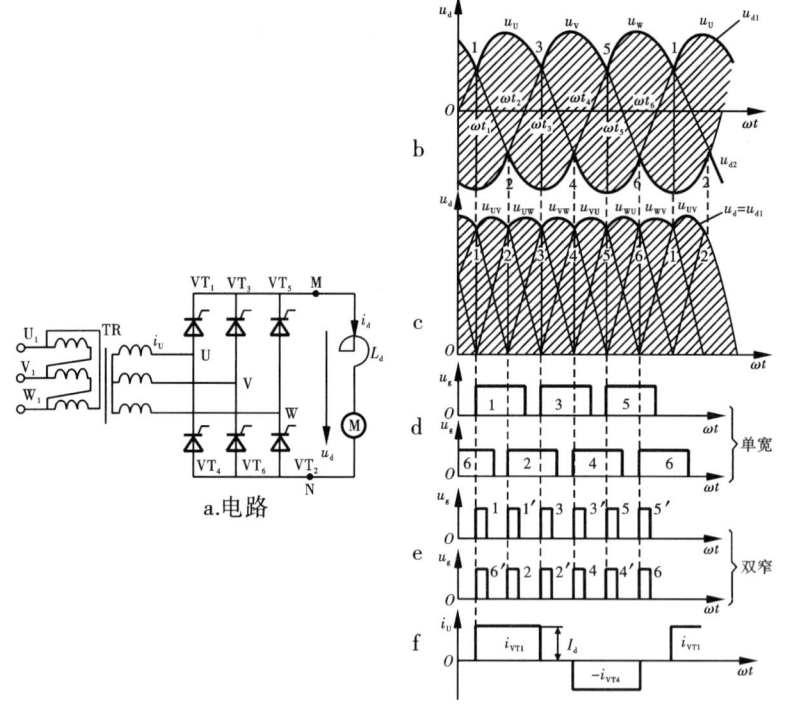 图 2-2-2 三相桥式全控整流电路及 $\alpha=0°$ 波形	

相关知识	笔记栏

在 $\omega t_1 \sim \omega t_2$ 区间，U 相电位最高，V 相电位最低，此时共阴组的 VS_1 和共阳组 VS_6 同时被触发导通。电流由 U 相经 VS_1 流向负载，又经 VS_6 流入 V 相。假设共阴组流过 U 相绕组电流为正，那么共阳组流过 U 相绕组电流就应为负。在这期间 VS_1 和 VS_6 工作，所以输出电压为 $u_d = u_U - u_V = u_{UV}$。

经 60° 后进入 $\omega t_2 \sim \omega t_3$ 区间，U 相电位仍然最高，VS_1 继续导通，但 W 相晶闸管 VS_2 的阴极电位变为最低。在自然换相点 2 处，即 ωt_2 时刻，VS_2 被触发导通，VS_2 的导通使 VS_6 承受 u_{VU} 反向电压而被迫关断。这一区间负载电流仍然从 U 流出经 VS_1、负载、VS_2 而回到电源 W 相，这一区间的整流输出电压为 $u_d = u_U - u_W = u_{UW}$。

又经过 60° 后，进入 $\omega t_3 \sim \omega t_4$ 区间，V 相电位为最高，在 VS_3 的自然换相点 3 处，即 ωt_3 时刻，VS_3 被触发导通。W 相晶闸管 VS_2 的阴极电位仍为最低，负载电流从 U 相换到从 V 相流出，经过 VS_3、负载、VS_2 回到电源 W 相。整流变压器 V、W 两相工作，输出电压为 $u_d = u_V - u_W = u_{VW}$。

其他区间，以此类推，并遵循以下规律：

(1) 三相全控整流电路任一时刻必须有两只晶闸管同时导通，才能形成负载电流，其中一只在共阳极组，另一只在共阴极组。

(2) 整流输出电压 u_d 波形是由电源线电压 u_{UV}、u_{UW}、u_{VW}、u_{VU}、u_{WU} 和 u_{WV} 的轮流输出所组成的，各线电压正半波交点 1~6 分别是 $VS_1 \sim VS_6$ 的自然换相点。晶闸管的导通顺序及输出电压关系如图 2-2-3 所示。

(3) 6 只晶闸管中每管导通 120°，每间隔 60° 有一只晶闸管换流。

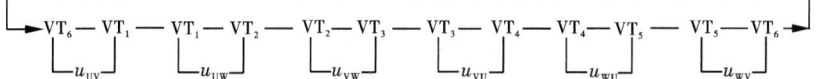

图 2-2-3 三相桥式全控整流电路晶闸管的导通顺序与输出电压关系

2. 对触发脉冲的要求

为了保证整流桥路在任何时刻共阴组和共阳组各有一只晶闸管同时导通，必须对应该导通的一对晶闸管同时给出触发脉冲，为此可用以下两种触发方式。

(1) 采用单宽脉冲触发。如图 2-2-2d 所示，使每一个触发脉冲的宽度大于 60° 而小于 120°（如 80°~100°），在相隔 60° 要换相时，当后一个脉冲出现的时刻，而前一个脉冲还未消失，因此在任何换相点均能同时触发相邻两只晶闸管。例如，在触发 VS_3 时，由于 VS_2 的 2 号触发脉冲 u_{g2} 还未消失，故 VS_3 与 VS_2 同时被触发导通。

(2) 采用双窄脉冲触发。如图 2-2-2e 所示，在触发某一相晶闸管时，触发电路能同时给前一相晶闸管补发一个脉冲（称辅助脉冲）。例如，在送出 1 号脉冲触发 VS_1 的同时，对 VS_6 也送出 6′号辅助脉冲，这样 VS_1 与 VS_6 就能同时被触通；在送出 2 号脉冲触发 VS_2 的同时，对 VS_1 也送出 1′号辅助脉冲，这样 VS_1 与 VS_2 就能同时被触通。其余各管依次导通，保证在任一时刻有两管同时导通。

双窄脉冲的触发电路虽然较复杂，但它可以减少触发电路的输出功率，缩小脉冲变压器的铁芯体积，故这种触发方式用得较多。

相关知识	笔记栏

3. 不同触发延迟角时电路的电压、电流波形

三相全控桥带有大电感的负载,因为属于大电感性质,所以只要输出整流电压平均值不为零,每只晶闸管的导通角都是120°,与触发延迟角 α 大小无关。负载电流为连续平稳的一条水平线,在流过晶闸管与变压器绕组的电流均为方波。

(1) α=60°时的波形。α=60°时的波形,纯电阻负载与大电感负载时波形一样,都连续,如图 2-2-4a 所示,电源线电压 u_{WV} 与 u_{UV} 相交点 1 为 VS_1 的自然换相点,亦是 VS_1 管的 α 起算点,过该点60°触发电路同时向 VS_1 与 VS_6 送出窄脉冲,于是 VS_1 与 VS_6 同时被触发导通,输出整流电压 u_d 为 u_{UV}。当经过60°电角度时,u_{UV} 波形已降到零,但此时触发电路又立即同时触发 VS_2 与 VS_1 导通。VS_2 的导通,使 VS_6 承受反压而被关断,于是输出整流电压 u_d 变为 u_{UW} 波形,负载电流从 VS_6 换到 VS_2。其余以此类推。至于晶闸管两端电压波形的画法,晶闸管本身导通时电压为零;同组相邻晶闸管导通时,就承受相应线电压波形的某一段。如图 2-2-4a 中 u_{T1} 的波形就是遵循这一原则画出的。

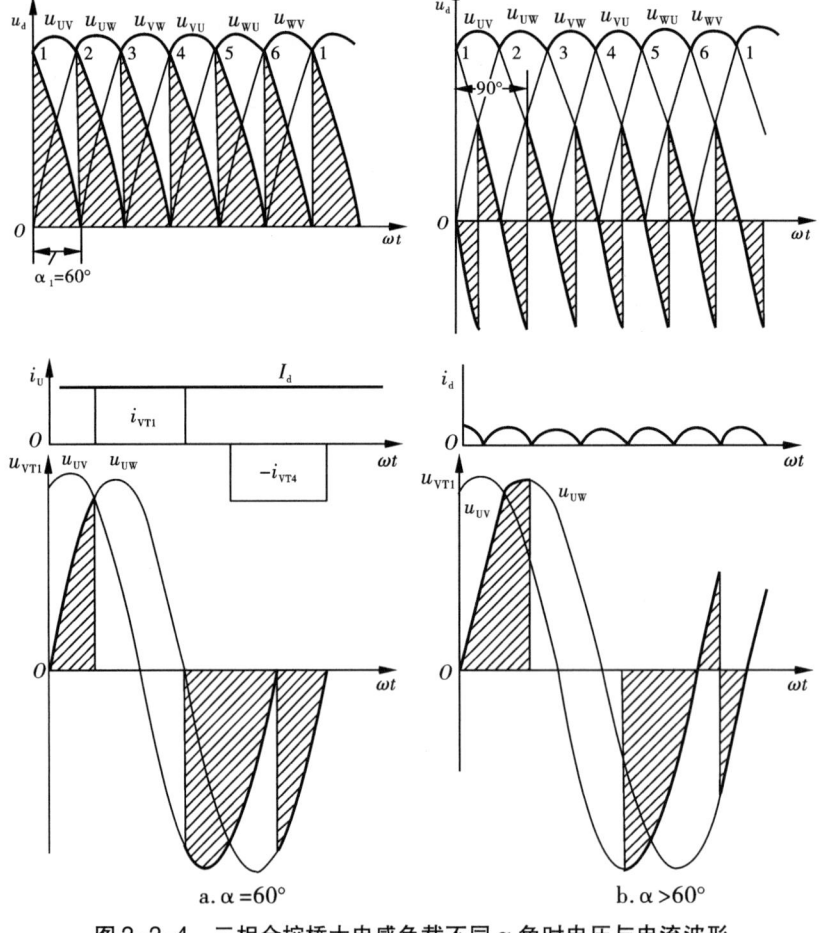

图 2-2-4 三相全控桥大电感负载不同 α 角时电压与电流波形

相关知识	笔记栏

(2)α>60°时的波形。当α>60°时,带纯电阻负载时,波形出现断续现象;带大电感负载时,波形出现了负面积,但由于大电感负载,只要输出电压波形 u_d 的平均值不为零,晶闸管的导通角总是能维持120°。由此可见,当α=90°,带大电感负载时,输出整流电压 u_d 波形正、负面积相等,平均值为零,如图2-2-4b所示。因此,在三相桥式全控整流电路大电感负载时,移相范围只能为0°~90°。当α=90°,纯电阻负载时的波形如图2-2-5所示。

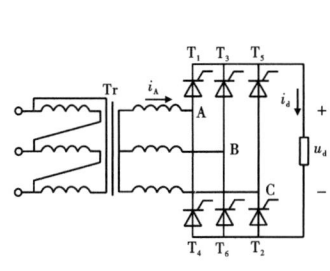 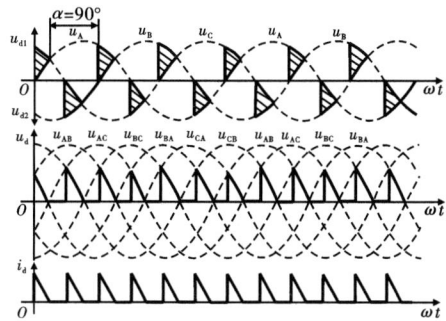

图2-2-5 三相全控桥纯电阻负载α=90°时电压与电流波形

4.各电量计算关系

(1)整流输出电压平均值 U_d。对于大电感负载,在 0°≤α≤90° 范围,负载电流连续,晶闸管导通角均为120°,输出整流电压 u_d 波形连续,整流输出电压平均值 U_d 为

$$U_d = \frac{1}{\pi/3}\int_{\frac{\pi}{3}+\alpha}^{\frac{2\pi}{3}+\alpha} \sqrt{6}U_p\sin\omega t\, d(\omega t) = \frac{3\sqrt{6}}{\pi}\cos\alpha = 2.34U_{2p}\cos\alpha$$

式中,U_{2p} 为变压器二次侧绕组的相电压有效值。

(2)负载电流平均值 I_d:

$$I_d = \frac{U_d}{R_d} = 2.34\frac{U_{2p}}{R_d}\cos\alpha$$

(3)晶闸管承受的最高电压 U_{TM}。晶闸管两端承受的最高电压为线电压的最大值,即 $U_{TM} = \sqrt{6}U_{2p} \approx 2.45U_{2p}$。

综上所述,三相桥式全控整流电路输出电压脉动小、脉动频率高,基波频率为300 Hz,在负载要求相同的直流电压下,晶闸管承受的最大正反向电压将比三相半波减少一半,变压器的容量也比较小,同时三相电流平衡,不需要中线,适用于要求大功率、高电压、可变直流电源的负载。但电路需用6只晶闸管,触发电路也比较复杂,因此一般只用于要求进行有源逆变的负载,或中、大容量要求可逆调速的直流电动机负载。对于一般电阻性的负载,或不可逆直流调速系统等,可采用三相半控桥整流电路。

实操任务布置		笔记栏

任务布置：三相桥式全控整流电路的波形观测

1. 所需设备及仪器仪表其所需设备及仪器仪表如表2-2-1所列。

表2-2-1 三相桥式全控整流电路所需设备及仪器清单

序号	名称	备注
1	DJK01 电源控制屏	该控制屏包含三相电源输出励磁电源等模块
2	DJK02 三相变流桥路	该挂件包含晶闸管、电感等模块
3	DJK06 给定、负载及吸收电路	该挂件包含二极管、开关等模块
4	DJK10 变压器实验	该挂件包含逆变压器、三相不控整流等模块
5	DK04 滑线变阻器	串联形式 0.65 A/2 kΩ，并联形式 1.3 A/500 Ω
6	双踪示波器	自备
7	万用表	自备

三相桥式整流电路波形观测

2. 接线及原理图

实验线路如图 2-2-6 所示。主电路由三相全控整流电路组成，触发电路为 DJK02 中的集成触发电路由 KC04、KC41、KC42 等集成芯片组成，可输出经高频调制后的双窄脉冲链。图中的 R 用 DK04 滑线变阻器，接成并联形式；电感 L_d 在 DJK02 面板上，容量选为 700 mH，直流电压、电流表由 DJK02 获得。

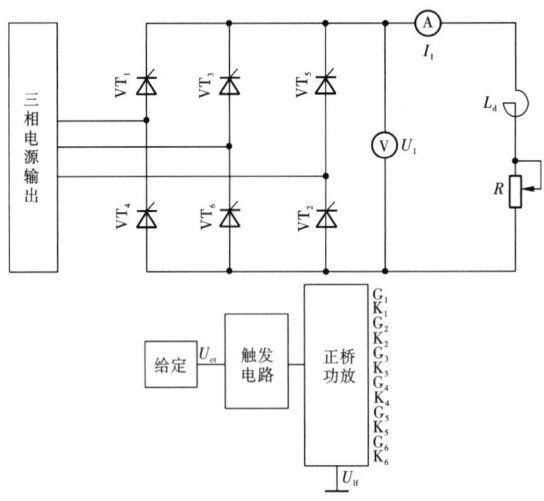

图 2-2-6 三相桥式全控整流电路实验线路

实操任务布置	笔记栏
3. 任务实施步骤 （1）DJK02 上"触发电路"的调试 1）打开 DJK01 总电源开关，操作"电源控制屏"上的"三相电网电压指示"开关，观察输入的三相电网电压是否平衡。 2）将 DJK01"电源控制屏"上"调速电源选择开关"拨至"直流调速"侧。 3）打开 DJK02 电源开关，拨动"触发脉冲指示"钮子开关，使"窄"发光管亮。 4）观察 A、B、C 三相的锯齿波，并调节 A、B、C 三相锯齿波斜率调节电位器（在各观测孔左侧），使三相锯齿波斜率尽可能一致。 5）将 DJK06 上的"给定"输出 U_g 直接与 DJK02 上的移相控制电压 U_{ct} 相连，将给定开关 S_2 拨到接地位置（$U_{ct}=0$），调节 DJK02 上的偏移电压电位器，用双踪示波器观察 A 相锯齿波和"双脉冲观察孔"VS_1 的输出波形，使 $\alpha=150°$，如图 2-2-7 所示。 6）适当增加给定 U_g 的正电压输出，观测 DJK02 上"触发脉冲观察孔"的波形，此时应观测到双窄脉冲。 7）将 DJK02 面板上的 U_{lf} 端接地，将"正桥触发脉冲"的 6 个开关拨至"通"，观察正桥 VS1～VS6 晶闸管门极和阴极之间的触发脉冲是否正常。 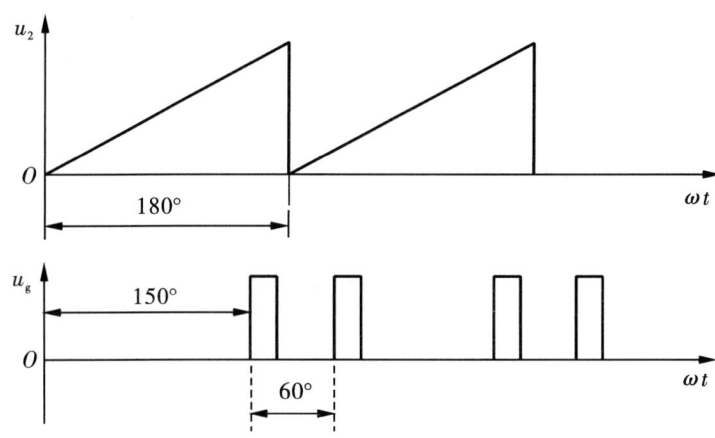 图 2-2-7 触发脉冲与锯齿波的相位关系	
（2）三相桥式全控整流电路。按图 2-2-6 所示接线，将 DJK06 上的"给定"输出调到零（逆时针旋到底），使滑线变阻器放在最大阻值处，按下"启动"按钮，调节给定电位器，增加移相电压，使 α 角在 30°～150°范围内调节；同时，根据需要不断调整负载电阻 R，使得负载电流 I_d 保持在 0.6 A 左右（注意，I_d 不得超过 0.65 A）。用示波器观察并记录 $\alpha=30°$、60°、90°时的整流电压 U_d 和晶闸管两端电压 U_{VS} 的波形，并记录相应的 U_d 数值于表 2-2-2 中。	

实操任务布置				笔记栏
表 2-2-2 数据记录				
α	30°	60°	90°	
U_2				
U_d(记录值)				
U_d/U_2				
U_d(计算值)				

计算公式:$U_d = 2.34 U_2 \cos\alpha$ ($\alpha = 0° \sim 60°$)

$U_d = 2.34 U_2 [1 + \cos(\alpha + \pi/3)]$ ($\alpha = 60° \sim 120°$)

(3)故障现象的模拟。当 $\alpha = 60°$ 时,将触发脉冲钮子开关拨向"断开"位置,模拟晶闸管失去触发脉冲时的故障,观察并记录这时的 U_d、U_{VS} 波形的变化情况。

4. 注意事项

(1)为了防止过流,启动时将负载电阻 R 调至最大阻值位置。

(2)有时会发现脉冲的相位只能移动 120° 左右就消失了,这是因为 A、C 两相的相位接反了,这对整流状态无影响,但在逆变时,由于调节范围只能到 120°,使实验效果不明显,可自行将 4 芯插头内的 A、C 相两相的导线对调,就能保证有足够的移相范围。

任务三　单相输出交-交变频电路的分析与测试

任务实施人员信息					
姓名		学号		专业班级	
隶属组		组长		伙伴成员	
任务简介					
任务名称	单相输出交-交变频电路的分析与测试		课时规划	2	
项目名称	交-交变频电路的分析与测试		所属课程	变频器应用技术	
考核点	波形分析				
任务内容介绍	任务描述： 该任务主要分析交交变频电路的设计思想、变频原理和常用的主电路形式，在此基础上构建并分析和测试交-交变频电路（图2-3-1）。 图2-3-1　单相交-交变频电路原理 任务分析： 交-交变频的基本工作原理是通过正、负两组整流电路反并联构成主电路，采用相位控制方式并按一定规律改变触发延迟角，从而得到交流输出电流。通过改变整流触发延迟角的变化幅度和频率，可以得到电压、频率均可调的交流输出。因此，必须在掌握三相桥式全控整流电路的基础上，来进行交-交变频电路的分析与测试。 任务要求： 1.搭建一个单相交-交变频电路。 2.利用示波器观测单相交-交变频电路的各点波形。 3.边操作边讲解进行任务展示。 4.2人一个小组，成员协作完成。					
任务目标	知识目标： 1.了解交-交变频电路的设计思想。 2.能够流畅地说出交-交变频电路的工作原理。 3.掌握交-交变频主电路的形式。 能力目标： 能够熟练地构建一个交-交变频电路。 素养目标： 1.团队协作。2.工程实践。3.分析问题、解决问题。					

	任务资讯(准备)（20分）	笔记栏
知识准备	1.画出单相交交变频主电路原理图。(3分) 2.简述交-交变频电路的特点。(4分) 3.简述交-交变频电路的设计思想。(4分)	
实训器具准备	1.实训设备。(3分) 2.工具。(2分) 3.仪器仪表。(2分)	
场地准备	写出准备内容。(2分)	

任务设计、实施与汇报(80分)		笔记栏
任务设计(10分)	1. 画出单相输出交-交变频电路接线图(4分) 2. 输出波形分析(6分) 画出单相输出交-交变频电路的输出波形。	
任务实施与汇报(65分)	任务实施步骤： 1. 团队组建与成员分工。(2分) 2. 选择晶闸管型号。(3分) 3. 搭建单相输出交-交变频电路。(10分) 4. 输出波形观测($\alpha=0°$、$60°$，写出操作步骤并记录)。(20分) 5. 故障模块。(5分) 6. 分析总结。(3分) 7. 任务展示汇报。(20分) 8. 场地清理。(2分)	
存在问题及解决办法(5分)		

任务考评				
评分项	分值	作答及操作要求	评分标准	得分
任务资讯	20	回答问题清晰准确,能够紧扣主题,没有明显错误项。	对照标准答案错误一项扣1分,扣完为止	
任务设计与实施	55	操作规范,万用表挡位选择适当、使用方法正确,废料处理符合环保要求	任务设计10分	
			组建团队及成员分工2分	
			选择晶闸管型号3分	
			搭建单相输出交-交变频电路10分	
			观测输出波形20分	
			分析总结3分	
			场地清理2分	
任务展示汇报	20	语言简练、思路清晰、操作规范、方法正确	语言表达不清扣2分,操作错误一处扣1~3分,扣完为止	
存在问题及解决办法	10	问题合理、解决方法正确合理	解决方法错误一处扣2分,扣完为止	
合计				

相关知识	笔记栏

一、交-交变频电路的基本概念

交-交变频电路把一种频率的交流电能直接变换成另外一种频率或可变频率的交流电能。

交-交变频电路属于直接变频电路,电能损耗小、变换效率高,广泛用于大功率、电压较高的场合。

交-交变频电路的基本工作原理是通过正、负两组整流电路反并联构成主电路(图2-3-2),采用相位控制方式并按一定规律改变触发延迟角,从而得到交流输出电流。通过改变整流触发延迟角的变化幅度和频率,可以得到电压、频率均可调的交流输出。

交-交变频电路按输入相数分为相关-交变频电路、三相交-交变频电路,按输出相数分为单相输出交-交变频电路、三相输出交-交变频电路,按工作形式分为有环流运行方式交-交变频电路、无环流运行方式交-交变频电路。

二、交-交变频电路的设计

1. 设计思想

在有源逆变电路中,采用两组反并联连接的变流器,可在负载端得到电压极性和大小都能改变的输出直流电压,实现直流电动机的四象限运行。若能适当控制正、反两组变流器的切换频率,则在负载端就能获得交变的输出电压,从而实现交-交直接变频。

图2-3-2所示为双半波可控整流电路。在图2-3-2a中的两个晶闸管采用共阴极连接,因而在负载上能获得上正下负的输出电压,当改变晶闸管的触发延迟角α时,输出电压的大小就能随之改变。在图2-3-2b中的两个晶闸管变成了共阳极连接,同样在改变晶闸管的触发延迟α角时,在负载上能获得电压大小改变、但极性为上负下正的输出电压。

若要在负载上获得交流电压,只需将共阴极组(正组)和共阳极组(反组)反并联连接,组成图2-3-2c所示电路。设在共阴极组电路工作时,共阳极组电路断开;而共阳极组电路工作时,共阴极组电路断开。这样,若以低于交流电网频率的速率交替地切换这两组电路的工作状态,就能在负载上得到相应的正负交替变化的交流电压输出,而达到交-交直接变频的目的。但从负载上所得到的电压波形可见,输出交变电压的频率低于交流电网的频率,且其中还含有大量的谐波分量。

对于可控整流电路,为了使整流输出的直流平均电压改变大小,只要使晶闸管的触发延迟角α做相应的改变。为得到低于电源电压频率的交流输出电压,可仿照可控整流时相类似的方法,在每一个输入电源电压的周期中,晶闸管的触发延迟角α按特定规律变化。这样在每一个电源周期中,经整流后输出的电压平均值,也就能按某一规律改变其大小和方向。

相关知识	笔记栏
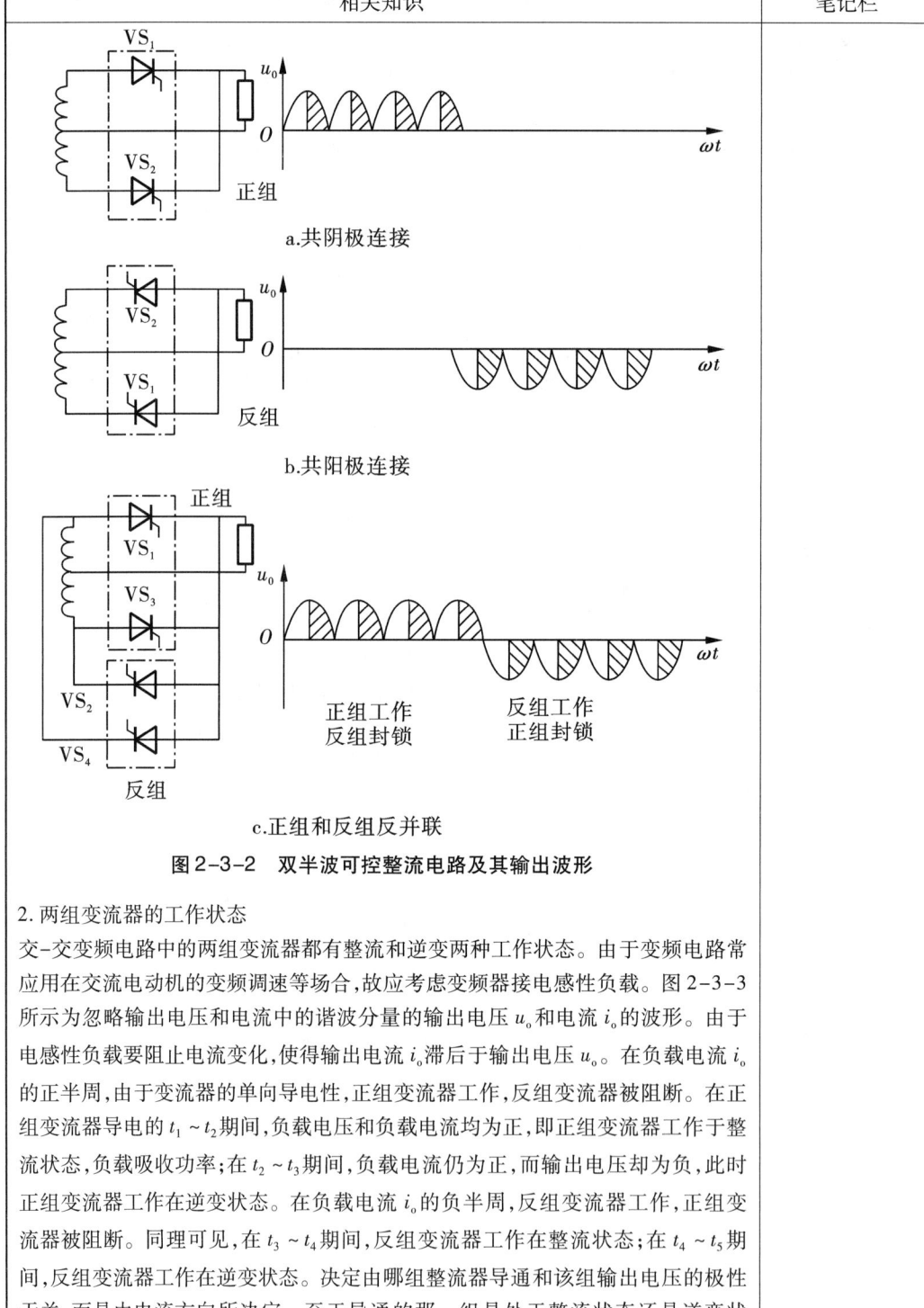 a.共阴极连接 b.共阳极连接 c.正组和反组反并联 **图2-3-2 双半波可控整流电路及其输出波形** 2.两组变流器的工作状态 交-交变频电路中的两组变流器都有整流和逆变两种工作状态。由于变频电路常应用在交流电动机的变频调速等场合,故应考虑变频器接电感性负载。图2-3-3所示为忽略输出电压和电流中的谐波分量的输出电压 u_o 和电流 i_o 的波形。由于电感性负载要阻止电流变化,使得输出电流 i_o 滞后于输出电压 u_o。在负载电流 i_o 的正半周,由于变流器的单向导电性,正组变流器工作,反组变流器被阻断。在正组变流器导电的 $t_1 \sim t_2$ 期间,负载电压和负载电流均为正,即正组变流器工作于整流状态,负载吸收功率;在 $t_2 \sim t_3$ 期间,负载电流仍为正,而输出电压却为负,此时正组变流器工作在逆变状态。在负载电流 i_o 的负半周,反组变流器工作,正组变流器被阻断。同理可见,在 $t_3 \sim t_4$ 期间,反组变流器工作在整流状态;在 $t_4 \sim t_5$ 期间,反组变流器工作在逆变状态。决定由哪组整流器导通和该组输出电压的极性无关,而是由电流方向所决定。至于导通的那一组是处于整流状态还是逆变状态,必须根据该组电压和电流的极性来决定。	

相关知识	笔记栏

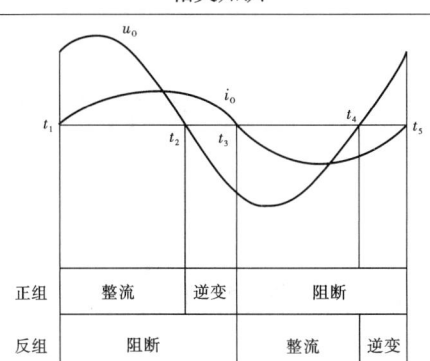

交-交变频电路的工作原理

图 2-3-3　忽略谐波分量时输出电压和电流的波形

四、交-交变频的特点及应用

交-交变频电路也叫周波变流器或相控变频器，其特点如下：

(1) 因为是直接变换，没有中间环节，所以比一般的变频器效率要高。

(2) 由于其交流输出电压是直接由交流输入电压波的某些部分包络所构成，因而其输出频率比输入交流电源的频率低得多，输出波形较好。

(3) 由于变频器按电网电压过零自然换相，故可采用普通晶闸管。

(4) 所用晶闸管元件数量较多，相对投入较大。

(5) 因受电网频率限制，通常输出电压的频率较低，为电网频率的 $\frac{1}{2} \sim \frac{1}{3}$。

(6) 功率因数较低，特别是在低速运行时更低，需要适当补偿。

鉴于以上特点，交-交变频器特别适合于大容量的低速传动，在轧钢、水泥、牵引等方面应用广泛，主要用于 500 kW 或 1000 kW 以上的大功率、低转速的交流调速电路中，目前已在轧机主传动装置、鼓风机、矿石破碎机、球磨机、卷扬机等场合应用。它既可用于异步电动机传动，也可用于同步电动机传动。

项目三　交-直-交变频电路的分析与测试

任务一　逆变技术及无源逆变电路工作原理

任务实施人员信息					
姓名		学号		专业班级	
隶属组		组长		伙伴成员	
任务简介					
任务名称	逆变技术及无源逆变电路工作原理		课时规划	2	
项目名称	交-直-交变频电路的分析与测试		所属课程	变频器应用技术	
考核点	基本概念、电路搭建、波形观测				
任务内容介绍	任务描述： 交-直-交变频器主要由整流（交流变直流）、滤波、逆变（直流变交流）、控制电路等组成。本任务主要分析无源逆变电路及其工作原理（图3-1-1），在此基础上搭建一个单相桥式无源逆变电路，并观测其输出波形。 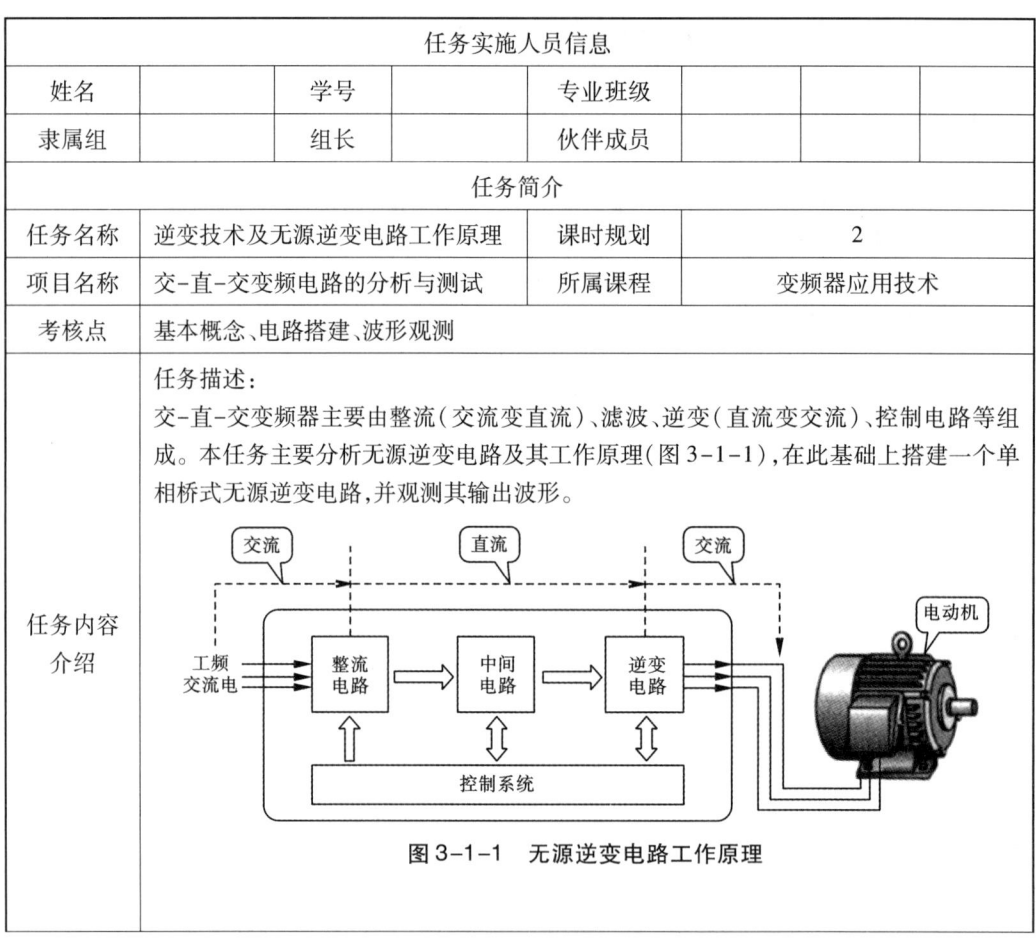 图3-1-1　无源逆变电路工作原理				

项目三 交-直-交变频电路的分析与测试

任务简介	
任务内容介绍	任务分析： 逆变技术更为深远的意义在于它在节能、高效和低能耗方面的显著优势。采用"逆变器+交流电动机"对风机和水泵进行变频调速，一般情况下平均节能可达15%～20%。逆变电路由电力电子器件组成，利用电力电子器件的轮流通断将直流电能转换为交流电能，改变管子轮流通断的频率，即可改变输出交流电的频率。管子轮流通断的过程中，电流从一个支路向另一个支路转移，这个过程叫作换流，因此研究换流方式主要是研究如何使器件关断。 任务要求： 1. 搭建一个单相桥式无源逆变电路。 2. 利用示波器观测单相单相桥式无源逆变电路的输出波形。 3. 边操作边讲解进行任务展示。 4. 2人一个小组，成员协作完成。
任务目标	知识目标： 1. 了解无源逆变的基本概念。 2. 能够流畅地说出无源逆变电路的工作原理。 3. 掌握无源逆变电路的换流方式。 能力目标： 能够熟练的构建一个单相桥式无源逆变电路，并观测其输出波形。 素养目标： 1. 团队协作。2. 绿色节能。3. 分析、解决问题。

	任务资讯(准备)（20分）	笔记栏
知识准备	1. 什么是逆变技术？什么是无源逆变？什么是有源逆变？（4分） 2. 逆变技术主要应用在哪些场合？（3分） 3. 什么是换流？常用的换流方式有哪些？（4分）	
实训器具准备	1. 实训设备。（3分） 2. 工具。（2分） 3. 仪器仪表。（2分）	
场地准备	写出准备内容。（2分）	

任务设计、实施与汇报(80分)		笔记栏
任务设计 (10分)	1. 画出单相桥式逆变电路的接线图(4分) 2. 分析单相桥式逆变电路的工作原理(6分)	
任务实施与汇报 60分	任务实施步骤： 1. 团队组建与成员分工。(2分) 2. 选择IGBT管型号。(3分) 3. 搭建单相桥式无源逆变电路。(15分) 4. 输出波形观测(写出操作步骤并记录)。(15分) 5. 分析总结。(3分) 6. 任务展示汇报。(20分) 7. 场地清理。(2分) 注意事项： 1. IGBT选择要合理。 2. 注意环境卫生和废料的环保处理。 3. 团队成员一定要协作完成，不可一个人独自完成。	
存在问题及解决办法 (10分)		

任务考评				
评分项	分值	作答及操作要求	评分标准	得分
任务资讯	20	回答问题清晰准确,能够紧扣主题,没有明显错误项	对照标准答案错误一项扣1分,扣完为止	
任务设计与实施	50	操作规范,万用表挡位选择适当、使用方法正确,废料处理符合环保要求	任务设计10分	
			组建团队及成员分工2分	
			选择IGBT管型号3分	
			搭建单相桥式无源逆变电路15分	
			观测输出波形15分	
			分析总结3分	
			场地清理2分	
任务展示汇报	20	语言简练、思路清晰、操作规范、方法正确	语言表达不清扣2分,操作错误一处扣1~3分,扣完为止	
存在问题及解决办法	10	问题合理、解决方法正确合理	解决方法错误一处扣2分,扣完为止	
合计				

相关知识	笔记栏

一、逆变技术基本概念

在生产实际中,除了将交流电转变为大小可调的直流电外,还需将直流电转变为交流电,这种对应于整流的逆过程称为逆变。把直流逆变为交流的装置通常称为逆变器。交流侧接负载的逆变,为无源逆变;交流侧接电网的逆变,为有源逆变。

二、逆变技术的应用领域

逆变电路广泛应用于交流电动机调速用变频器、不间断电源、感应加热电源、有源滤波和无功补偿、风力发电;家用电器中的变频空调、电磁炉、微波炉等。这些电力电子装置的核心部分都是逆变电路。

三、逆变器基本电路及其工作原理

以单相桥式逆变电路为例,如图3-1-2所示,$S_1 \sim S_4$ 是桥式电路的4个臂,由电力电子器件及辅助电路组成。

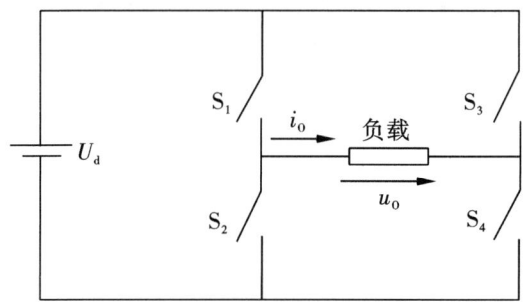

图3-1-2 单相桥式逆变电路

1.纯电阻负载时

如图3-1-3所示。S_1、S_4闭合,S_2、S_3断开时,u_o为正;S_1、S_4断开,S_2、S_3闭合时,u_o为负。电阻负载时,负载电流i_o和u_o的波形相同,相位也相同。改变两组开关切换频率,可改变输出交流电频率。

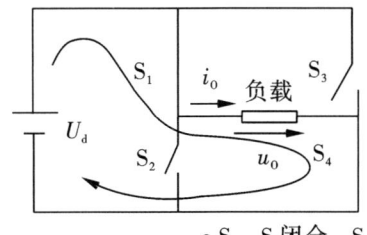 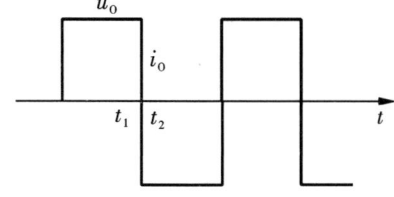

a. S_1、S_4闭合,S_2、S_3断开时电路和波形图

相关知识	笔记栏

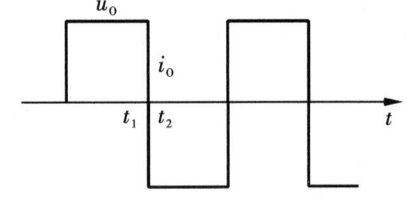

b.S_2、S_3闭合，S_1、S_4断开时电路和波形图

图 3-1-3　单相桥式逆变电路纯电阻负载时输出波形

2.阻感负载时

如图 3-1-4 所示，t_1前，S_1、S_4通，u_o和i_o均为正；t_1时刻，断开S_1、S_4，合上S_2、S_3，u_o变负，但i_o不能立刻反向。i_o从电源负极流出，经S_2、负载和S_3流回正极，负载电感能量向电源反馈，i_o逐渐减小，t_2时刻降为零，之后i_o才反向并增大。阻感负载时，i_o相位滞后于u_o，波形也不同。

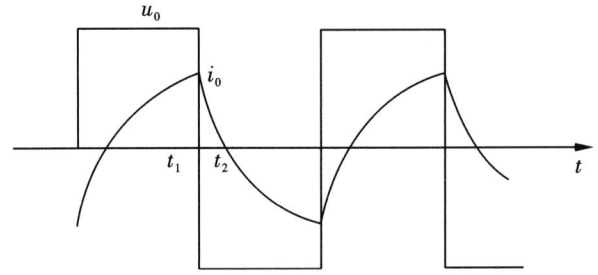

图 3-1-4　单相桥式逆变电路阻感负载时输出波形

无源逆变电路的换流方式

结论：改变两组开关切换频率，可改变输出交流电频率。电阻负载时，负载电流i_o和u_o的波形相同，相位也相同。阻感负载时，i_o相位滞后于u_o，波形也不同。

四、逆变器的分类

根据最靠近逆变桥的直流滤波方式，逆变器可分为电压型与电流型两种。电压型逆变器主要采用大电容滤波，逆变器的直流电源阻抗小，类似于电压源。逆变输出的电压比较平直，波形为交变矩形波，而输出电流波形接近正弦波。电流型逆变器则主要采用大电感滤波，电源呈现高阻抗，类似于电流源。此类逆变器输出电流比较平直，其波形为交变矩形波，而电压波形近似为正弦波。

任务二　电压型逆变电路分析与测试

任务实施人员信息					
姓名		学号		专业班级	
隶属组		组长		伙伴成员	
任务简介					
任务名称	电压型逆变电路分析与测试		课时规划		2
项目名称	交-直-交变频电路的分析与测试		所属课程		变频器应用技术
考核点	1.电路搭建　2.波形观测				
任务内容介绍	任务描述： 该任务主要分析电压型逆变电路及其工作原理(图3-2-1)，在此基础上搭建一个单相桥式电压型无源逆变电路，并观测其输出波形。 图3-2-1　电压型逆变电路结构框图 任务分析： 电压型逆变器直流侧并接的电容,抑制了直流电压纹波,使直流侧电压基本无脉动,直流侧近似为恒压源,直流回路呈现低阻抗。有单相电压型逆变器和三相电压型逆变器两种,通过逆变原理来分析其输出波形的特点。 任务要求： 1.搭建一个单相电压型逆变电路。 2.利用示波器观测单相电压型逆变电路的输出波形。 3.边操作边讲解进行任务展示。 4.2人一个小组,成员协作完成。				
任务目标	知识目标： 1.掌握电压型逆变电路的工作原理。 2.了解电压型逆变电路的输出波形特点。 能力目标： 能够熟练的构建一个单相电压型逆变电路,并观测其输出波形。 素养目标： 1.团队协作。2.绿色节能。3.分析问题、解决问题。				

	任务资讯(准备)（20分）	笔记栏
知识准备	1.电压型逆变器电路上有什么特点？(3分) 2.三相电压型逆变器有何特点？(4分) 3.晶闸管串联电感式逆变电路中电感有何作用？(3分)	
实训器具准备	1.实训设备。(4分) 2.工具。(2分) 3.仪器仪表。(2分)	
场地准备	写出准备内容。(2分)	

项目三 交-直-交变频电路的分析与测试 67

任务设计、实施与汇报(80分)		笔记栏
任务设计 (10分)	1. 画出单相电压型逆变电路的接线图。(5分) 2. 分析单相电压型逆变电路的工作原理。(5分)	
任务实施与汇报 (60分)	任务实施步骤: 1. 团队组建与成员分工。(2分) 2. 选择IGBT管型号。(3分) 3. 搭建单相电压型逆变电路。(15分) 4. 输出波形观测(写出操作步骤并记录)。(15分) 5. 分析总结。(3分) 6. 任务展示汇报。(20分) 7. 场地清理。(2分)	
存在问题及解决办法 (10分)		

任务考评					
评分项	分值	作答及操作要求	评分标准		得分
任务资讯	20	问题回答清晰准确,能够紧扣主题,没有明显错误项。	对照标准答案错误一项扣1分,扣完为止		
任务设计与实施	50	操作规范,万用表挡位选择适当、使用方法正确,废料处理符合环保要求	任务设计10分		
^	^	^	组建团队及成员分工2分		
^	^	^	选择IGBT管型号3分		
^	^	^	搭建单相电压型逆变电路15分		
^	^	^	观测输出波形15分		
^	^	^	分析总结3分		
^	^	^	场地清理2分		
任务展示汇报	20	语言简练、思路清晰、操作规范、方法正确	语言表达不清扣2分,操作错误一处扣1~3分,扣完为止		
存在问题及解决办法	10	问题合理、解决方法正确合理	解决方法错误一处扣2分,扣完为止		
合计						

相关知识	笔记栏

一、单相逆变器

1. 单相半桥式逆变器的基本电路及工作原理

图 3-2-2a 所示为单相半桥式逆变器，管子 VT_1、VT_2 轮流导通时，负载上得到 $\pm U_d/2$ 的交流电压，感性负载时的波形如图 3-2-2b 所示。

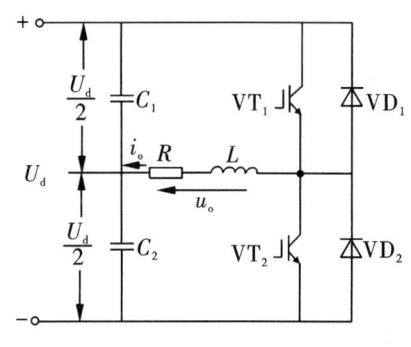 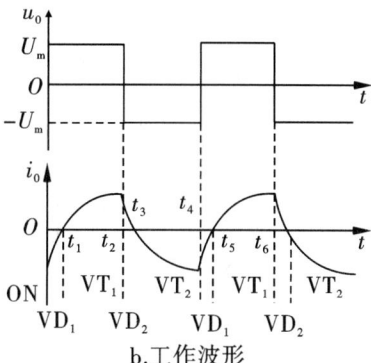

a. 单相半桥电压型逆变电路　　　　b. 工作波形

图 3-2-2　单相半桥电压型逆变电路及其工作波形

其工作原理是：$t_1 \sim t_2$ 时间段，VT_1 导通、VT_2 截止，$u_o = u_{C1} = U_d$，i_o 正向增大；$t_2 \sim t_3$ 时间段，关 VT_1，VD_2 导通续流，$u_o = -u_{C2} = -U_d/2$，i_o 正向减小；t_3 时刻，$i_o = 0$，VD_2 截止。开通 VT_2；$t_3 \sim t_4$ 时间段，VT_2 导通、VT_1 截止，$u_o = -u_{C2} = -U_d$，i_o 反向增大；$t_4 \sim t_5$ 时间段，关 VT_2，VD_1 导通续流，$u_o = u_{C1} = \dfrac{1}{2} U_d$，$i_o$ 反向减小；t_5 时刻，$i_o = 0$，VD_1 截止，开通 VT_1。

单相半桥电压型逆变电路有如下特点：

(1) 输出电压 u_o 为矩形波，幅值为 $U_m = U_d/2$。输出电流波形随负载性质而发生变化。

(2) VT_1 或 VT_2 导通时，i_o 和 u_o 同方向，直流侧向负载提供能量。

(3) VD_1 或 VD_2 通时，i_o 和 u_o 反向，电感中储能向直流侧反馈，电容起着缓冲无功能量的作用。因此，VD_1、VD_2 称为反馈二极管，又称续流二极管。

该电路的优点是简单、使用器件少，缺点是交流电压幅值 $U_d/2$，直流侧需两电容器串联，要控制两者电压均衡。因此，它多用于数千瓦及以下的小功率逆变电源。

2. 单相全桥式电压型逆变电路及其工作原理

单相全桥式电压型逆变电路如图 3-2-3a 所示，相当于两个半桥电路的组合。VT_1 和 V_4 是一对桥臂，VT_2 和 V_3 是另一对桥臂，成对桥臂同时导通，两对桥臂交替导通。i_o 波形和半桥的 i_o 相同，幅值增加一倍；u_o 波形同半桥电路的 u_o，幅值高出一倍 $U_m = U_d$。

其工作原理是：$t_1 \sim t_2$ 时间段，$VT_1 VT_4$ 导通，$VT_2 V_3$ 截止，$u_o = U_d$，i_o 正向增大；$t_2 \sim t_3$ 时间段，关 VT_1、VT_4，VD_2、VD_3 导通续流，$u_o = -U_d$，i_o 正向减小；t_3 时刻，$i_o = 0$，VD_2、VD_3 截止，开通 VT_2、VT_3；$t_3 \sim t_4$：VT_2、VT_3 导通，VT_1、VT_4 截止，$u_o = -U_d$，i_o 反向增大；$t_4 \sim t_5$ 时间段，关 VT_2、VT_3，VD_1、VD_4 导通续流，$u_o = U_d$，i_o 反向减小；t_5 时刻，$i_o = 0$，VD_1、VD_4 截止。开通 VT_1、VT_4，重复上述过程。

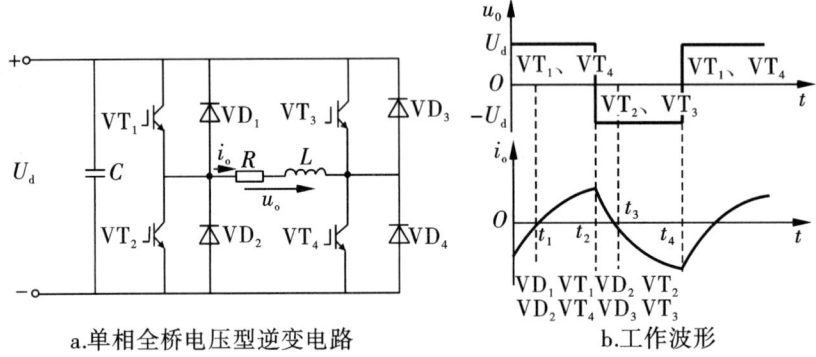

a. 单相全桥电压型逆变电路　　　　b. 工作波形

图 3-2-3　单相全桥电压型逆变电路及其工作波形

总之，单相电压型逆变器的输出电压为矩形波，输出的电流波形和相位因负载阻抗不同而不同。当交流侧为电感性负载时需提供无功功率，直流侧电容起缓冲无功能量的作用。为了给交流侧向直流侧反馈的无功能量提供通道，逆变桥各桥臂并联了反馈二极管。

二、三相电压型逆变器

三相电压型逆变器的基本电路如图 3-2-4 所示。其中，直流电源并联两个大容量滤波电容器，使逆变器的交流输出电压被箝位为矩形波，与负载性质无关。交流输出电流的波形和相位由负载功率因数来决定。在异步电动机变频调速系统中，这个大电容又是缓冲负载无功功率的储能元件。

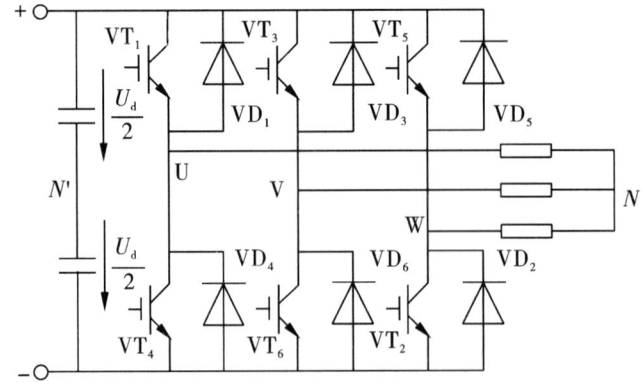

图 3-2-4　三相电压型逆变器的基本电路

相关知识	笔记栏
三相逆变电路由 6 只具有单向导电性的功率开关 $VT_1 \sim VT_6$ 组成。每只功率开关上反并联一只续流二极管,为负载的滞后电流提供一条反馈到电源的通路。6 只功率开关每隔 60°电角度触发导通一只,相邻两相的功率开关触发导通时间互差 120°,一个周期共换相 6 次,对应 6 个不同的工作状态(又称 6 拍)。每只功率开关导通时间皆为 180°。当按 $VT_1 \sim VT_6$ 的顺序导通时,每个工作状态下都有 3 只功率开关同时导通,其中每一相都有一只开关管导通,形成三相负载同时通电。导通规律见表 3-2-1。	

表 3-2-1　三相逆变电路中 6 只功率开关的导通规律

ωt		$0° \sim 60°$	$60° \sim 120°$	$120° \sim 180°$	$180° \sim 240°$	$240° \sim 300°$	$300° \sim 360°$
导通的器件		VT_1、VT_2、VT_3	VT_2、VT_3、VT_4	VT_3、VT_4、VT_5	VT_4、VT_5、VT_6	VT_5、VT_6、VT_1	VT_6、VT_1、VT_2
负载等效电路							
输出相电压	u_{UN}	$+\dfrac{1}{3}U$	$-\dfrac{1}{3}U$	$-\dfrac{2}{3}U$	$-\dfrac{1}{3}U$	$+\dfrac{1}{3}U$	$+\dfrac{2}{3}U$
	u_{VN}	$+\dfrac{1}{3}U$	$+\dfrac{2}{3}U$	$+\dfrac{1}{3}U$	$-\dfrac{1}{3}U$	$-\dfrac{2}{3}U$	$-\dfrac{1}{3}U$
	u_{WN}	$-\dfrac{2}{3}U$	$-\dfrac{1}{3}U$	$+\dfrac{1}{3}U$	$+\dfrac{2}{3}U$	$+\dfrac{1}{3}U$	$-\dfrac{1}{3}U$
输出线电压	u_{UN}	0	$-U$	$-U$	0	$+U$	$+U$
	u_{UW}	$+U$	$+U$	0	$-U$	$-U$	0
	u_{WN}	$-U$	0	$+U$	$+U$	0	$-U$

表中,负载为三相星形对称负载:
$$Z_U = Z_V = Z_W, U_{WN} = -2U_d/3$$

将上述各状态下对应的相电压、线电压画出,即可得到 180°导电型的三相电压型逆变器的输出电压波形如图 3-2-5 所示。可见,逆变器输出为三相交流电压,各相之间互差 120°,三相对称,相电压为阶梯波,线电压为方波。输出电压的交变频率取决于逆变器开关器件的切换频率。

相关知识　　　笔记栏

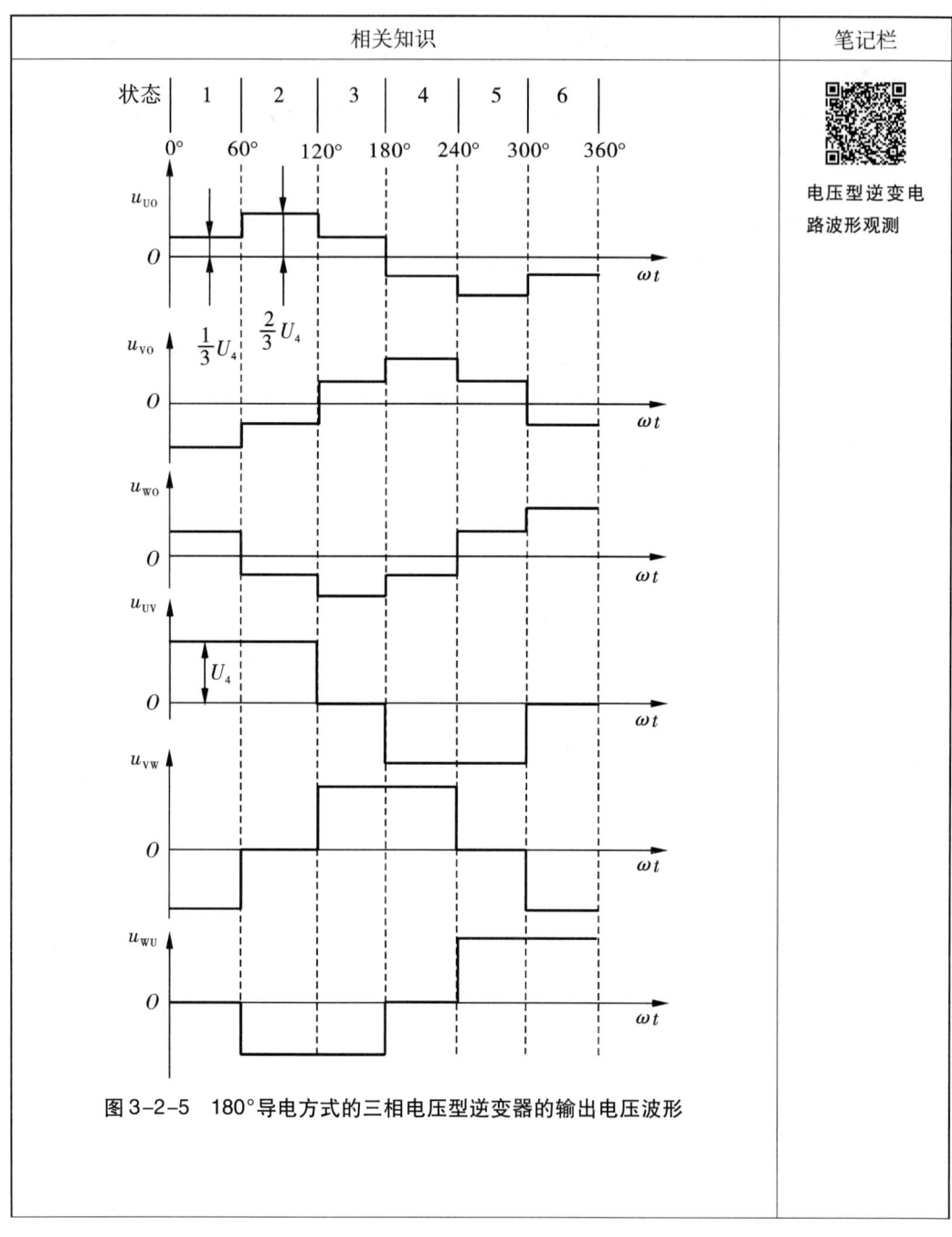

图3-2-5　180°导电方式的三相电压型逆变器的输出电压波形

电压型逆变电路波形观测

相关知识	笔记栏

三相电压型逆变器的特点是：①任一瞬间有三个桥臂同时导通；②每隔60°换一个管子；③每次换流都是在同一相上下两臂之间进行,也称为纵向换流。④每桥臂导电180°,同一相上下两臂交替导电,各相开始导电的角度差120°；⑤为防止同一相上下两桥臂开关器件直通,采取"先断后通"的方法。

三、晶闸管串联电感式逆变电路

按照逆变器的工作原理,功率开关的导通规律是：逆变器中的电流必须从一只功率开关准确地转移到另一只功率开关中去。这个过程称为换相。当电路中的功率开关采用全控型器件时,由于器件具有自关断能力,不需要换流电路。如果采用晶闸管,由于这种半控型器件不具备自关断能力,用于异步电动机变频调速系统(感性负载)时,必须增加专门的换相电路进行强迫换相,即通过换相电路对晶闸管施加反压使其关断。采用的换相电路不同,逆变器的主电路也不同,图3-2-6示出三相串联电感式逆变器的主电路,晶闸管导通180°。

这种逆变电路用较少的换流元件便可正常工作,具有良好的性能,可用作中小功率异步电动机的电源,控制触发脉冲的频率或使触发次序反向,可使电动机在宽范围内调速或反转。

图3-2-6中C_d、L_d构成中间滤波环节,通常L_d很小,C_d很大,晶闸管VS_1、VS_2作为功率开关取代了图3-2-4中的$VS_1 \sim VS_6$。$L_1 \sim L_6$为换相电感,位于同一桥臂上的两个换相电感是紧密耦合的,串联在两个主晶闸管之间,因而称为串联电感式。$C_1 \sim C_6$为换相电容,$R_1 \sim R_3$为环流衰减电阻。该电路属于180°导电型,换相在同一桥臂的两个晶闸管之间进行,采用互补换相方式,即触发一个晶闸管去关断同一桥臂上的另一个晶闸管。

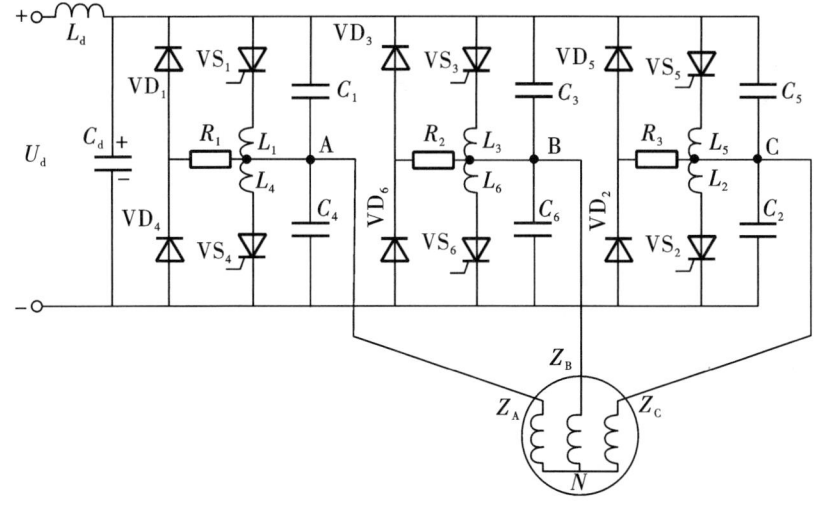

图3-2-6 三相串联电感式电压型逆变电路

任务三 电流型逆变电路分析

任务实施人员信息					
姓名		学号		专业班级	
隶属组		组长		伙伴成员	
任务简介					
任务名称	电流型逆变电路分析		课时规划		2
项目名称	交-直-交变频电路的分析与测试		所属课程		变频器应用技术
考核点	电路搭建、波形观测				
任务内容介绍	任务描述： 该任务主要分析电流型逆变电路及其工作原理(图3-3-1)，在此基础上搭建一个单相桥式电流型无源逆变电路，并观测其输出波形。 图3-3-1 电流型逆变电路结构框图 任务分析： 电流型逆变电路中，采用半控型器件晶闸管的电路仍应用得较多，存在换流问题，换流方式有负载换流、强迫换流。本任务重点分析其工作原理及换流过程，从而分析出其输出波形的特点。 任务要求： 1.搭建一个单相电流型逆变电路。 2.利用示波器观测单相电流型逆变电路的输出波形。 3.边操作边讲解，进行任务展示。 4.2人一个小组，成员协作完成。				
任务目标	知识目标： 1.掌握电流型逆变电路的工作原理。 2.了解电流型逆变电路的输出波形特点。 能力目标： 能够熟练的构建一个单相电流型逆变电路，并观测其输出波形。 素养目标： 1.团队协作。2.绿色节能意识。3.分析、解决问题能力。				

	任务资讯(准备)（20分）	笔记栏
知识准备	1.电流型逆变器电路上有什么特点？（3分） 2.三相电流型逆变器有何特点？（4分） 3.电流型逆变器电路中电感有何作用？（3分）	
实训器具准备	1.实训设备。（4分） 2.工具。（2分） 3.仪器仪表。（2分）	
场地准备	写出准备内容。（2分）	

任务设计、实施与汇报(80分)		笔记栏
任务设计 (10分)	1. 画出单相电流型逆变电路的接线图。(5分) 2. 分析单相电流型逆变电路的工作原理(5分)	
任务实施与汇报 (60分)	任务实施步骤: 1. 团队组建与成员分工。(2分) 2. 选择晶闸管型号。(3分) 3. 搭建单相电流型逆变电路。(15分) 4. 输出波形观测(写出操作步骤并记录)。(15分) 5. 分析总结。(3分) 6. 任务展示汇报。(20分) 7. 场地清理。(2分)	
存在问题及解决办法 (10分)		

项目三 交-直-交变频电路的分析与测试

<table>
<tr><td colspan="5" align="center">任务考评</td><td></td></tr>
<tr><td>评分项</td><td>分值</td><td>作答及操作要求</td><td colspan="2">评分标准</td><td>得分</td></tr>
<tr><td>任务资讯</td><td>20</td><td>问题回答清晰准确,能够紧扣主题,没有明显错误项</td><td colspan="2">对照标准答案错误一项扣1分,扣完为止</td><td></td></tr>
<tr><td rowspan="7">任务设计与实施</td><td rowspan="7">50</td><td rowspan="7">操作规范,万用表挡位选择适当、使用方法正确,废料处理符合环保要求</td><td colspan="2">任务设计10分</td><td></td></tr>
<tr><td colspan="2">组建团队及成员分工2分</td><td></td></tr>
<tr><td colspan="2">选择晶闸管型号3分</td><td></td></tr>
<tr><td colspan="2">搭建单相电流型逆变电路15分</td><td></td></tr>
<tr><td colspan="2">观测输出波形15分</td><td></td></tr>
<tr><td colspan="2">分析总结3分</td><td></td></tr>
<tr><td colspan="2">场地清理2分</td><td></td></tr>
<tr><td>任务展示汇报</td><td>20</td><td>语言简练、思路清晰、操作规范、方法正确</td><td colspan="2">语言表达不清扣2分,操作错误一处扣1~3分,扣完为止</td><td></td></tr>
<tr><td>存在问题及解决办法</td><td>10</td><td>问题合理、解决方法正确合理</td><td colspan="2">解决方法错误一处扣2分,扣完为止</td><td></td></tr>
<tr><td colspan="5" align="center">合计</td><td></td></tr>
</table>

相关知识	笔记栏
电流型逆变电路(图3-3-1)一般在直流侧串联大电感,电流脉动很小,可近似看成直流电流源,直流回路呈现高阻抗。 一、单相电流型逆变电路及其工作原理 1. 电路特点 图3-3-2a所示为并联谐振式单相电流型逆变器主电路,由三相可控整流获得电压连续可调的直流电源U_d,经过大电感L_d滤波,通过并联谐振式逆变电路将直流电逆变为中频交流电供给负载,属于电流型逆变器。 逆变桥由4只晶闸管桥臂组成,因工作频率较高(通常为1000~2500 Hz),故采用KK型快速晶闸管。L_1~L_4为4只电感量很小的桥臂电感,用于限制电流上升率di/dt。感应线圈L、R和电容C并联组成负载谐振电路。 当逆变桥对角晶闸管以一定频率交替触发导通时,负载感应线圈通入中频电流,线圈中产生中频交变磁通。如将金属(钢铁、铜、铝)放入线圈中,在交变磁场的作用下,金属中产生涡流与磁滞(钢铁)效应,使金属发热熔化,如图3-3-2b所示。晶闸管交替触发的频率与负载回路的谐振频率相接近,负载电路工作在谐振状态,这样可得到较高的功率因数与效率,并且电路对外加矩形波电压的基波分量呈现高阻抗,对其他高次谐波电压可以看成短路,所以负载两端u_a是很好的中频正弦波。而负载电流i_a在大电感L_d的作用下为近似交变的矩形波。并联电容C除参加谐振外,还提供负载无功功率,使负载电路呈现容性,i_a超前u_a一定角度,达到自动换流、关断晶闸管的目的。 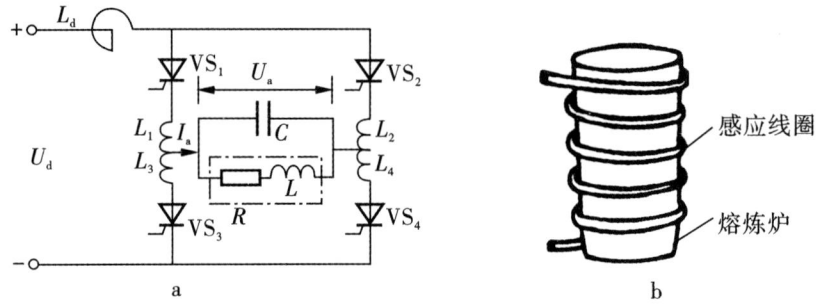 图3-3-2 并联逆变电路与负载 换流电容与负载电路并联,换流是基于并联谐振的原理,这类逆变器称为并联谐振逆变器,简称并联逆变器,较多用于金属的熔炼、透热和淬火的中频加热电源。 2. 工作原理 单相电流型逆变电路的工作原理如图3-3-3所示,一周期内有两个稳定导通阶段和两个换流阶段。 t_1~t_2时间段,VS_1和VS_4稳定导通阶段,$i_o=I_d$,t_2时刻前在C上建立了左正右负的电压。	

相关知识	笔记栏
$t_2 \sim t_4$ 时间段，t_2 时触发 VS$_2$ 和 VS$_3$ 开通，进入换流阶段。负载感应线圈使 VS$_1$、VS$_4$ 不能立刻关断，电流有一个减小过程，VS$_2$、VS$_3$ 电流有一个增大过程；4 个晶闸管全部导通，负载电容电压经两个并联的放电回路同时放电，一个经 L_{VS1}、L_{VS3}、VS$_3$、L_{VS3} 到 C，另一个经 L_{VS2}、VS$_2$、VS$_4$、L_{VS4} 到 C。 $t = t_4$ 时刻，VS$_1$、VS$_4$ 电流减至零而关断，换流阶段结束。$t_4 - t_2 = t_g$ 称为换流时间。 i_o 在 t_3 时刻过零，t_3 时刻大体位于 t_2 和 t_4 的中点。 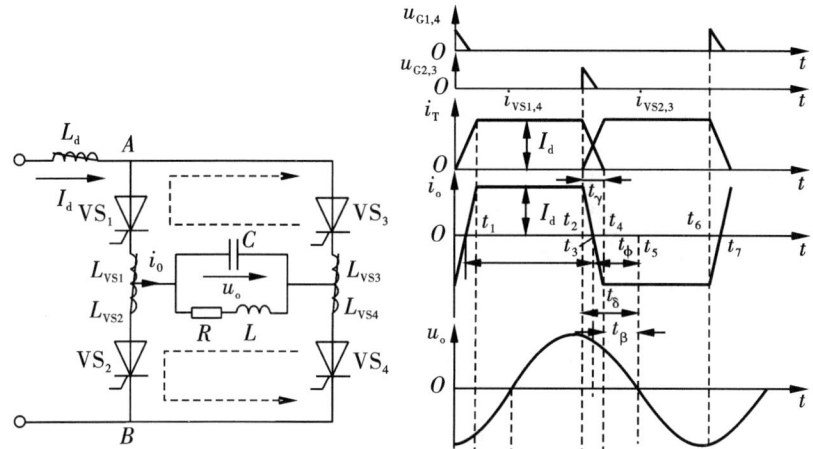 图 3-3-3　单相电流型逆变电路的工作原理及输出波形	

保证晶闸管可靠关断的办法是：晶闸管需一段时间才能恢复正向阻断能力，换流结束后还要使 VS$_1$、VS$_4$ 承受一段反压时间 t_b，$t_b = t_5 - t_4$ 应大于晶闸管的关断时间 t_q。

因基波频率接近负载电路谐振频率，故负载对基波呈高阻抗，对谐波呈低阻抗，谐波在负载上产生的压降很小，因此负载电压波形接近正弦。输出电流波形接近矩形波，含基波和各奇次谐波，且谐波幅值远小于基波。

电流型逆变电路的主要特点是：①直流侧串大电感，相当于电流源；②交流输出电流为矩形波，输出电压波形和相位因负载不同而不同；③直流侧电感起缓冲无功能量的作用，不必给开关器件反并联二极管。

二、三相电流型逆变电路及其工作原理

该逆变电路仍由 6 只功率开关 VS$_1$ ~ VS$_6$ 组成，如图 3-3-4 所示，但无须反并联续流二极管，因为在电流型变频器中，电流方向无须改变。电流型逆变器一般采用 120° 导电型，即每个功率开关的导通时间为 120°。每个周期换相 6 次，共 6 种工作状态，每个工作状态都是共阳极组和共阴极组各有一只功率开关导通，换相是在相邻的桥臂中进行的。负载端的电容用于吸收换流时负载电感中存储的能量。

相关知识	笔记栏

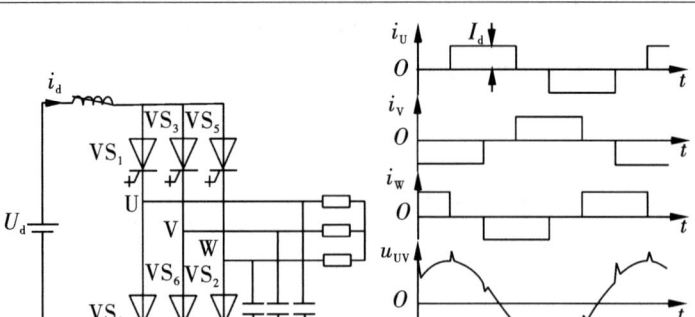

图 3-3-4 三相电流型逆变电路及其输出波形

120°导电型的三相电流型逆变器的输出电流波形(如果负载采用 Y 连接)和负载性质无关,为正负脉冲各 120°的矩形波;输出线电压波形和负载性质有关,大体为正弦波。由于换流期间引起电动机绕组中电流的迅速变化,在绕组漏感中产生感应电动势,叠加在原有电压上而出现换流尖峰电压(毛刺),选择器件耐压时必须加以考虑。

三相电流型逆变器的特点是:①每时刻上下桥臂组各有一个臂导通;②每隔 60°换流一次;③同一组内的两个管子换流——横向换流;④基本工作方式是 120°导电方式——每个桥臂一周期内导电 120°。

三、串联二极管式晶闸管逆变电路换流过程

当功率开关采用晶闸管时,必须在图 3-3-4 所示的基本电路中增加换相电路。图 3-3-5 所示是三相串联二极管式电流型

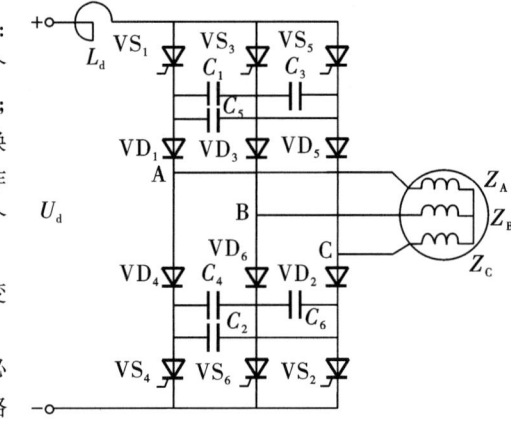

图 3-3-5 串联二极管式晶闸管逆变电路

逆变电路。其中晶闸管 $VS_1 \sim VS_6$ 为 6 个逆变管,$C_1 \sim C_6$ 为换相电容,$VD_1 \sim VD_6$ 为隔离二极管,其作用是使换相电容与负载隔离,防止电容充电电荷的损失。该电路为 120°导电型。

串联二极管式晶闸管逆变电路主要用于中大功率交流电动机调速系统。电流型三相桥式逆变电路各桥臂的晶闸管和二极管串联使用。采用强迫换流方式,电容 $C_1 \sim C_6$ 为换流电容;为 120°导电工作方式。

电容器充电的规律是:对共阳极晶闸管,它与导通晶闸管相连一端极性为正,另一端为负,不与导通晶闸管相连的电容器电压为零。

相关知识	笔记栏

等效换流电容概念是:如图 3-3-6 所示,分析从 VS_1 向 VS_3 换流时,C_{13} 就是 C_3 与 C_5 串联后再与 C_1 并联的等效电容。

串联二极管式晶闸管逆变电路换流过程如图 3-3-7 所示。

从 VS_1 向 VS_3 换流的过程分析:假设换流前 VS_1 和 VS_2 导通,C_{13} 电压 U_{C0} 左正右负。

恒流放电阶段:I_d 从 VS_1 换到 VS_3,C_{13} 通过 VD_1、U 相负载、W 相负载、VD_2、VS_2、直流电源和 VS_3 放电,放电电流恒为 I_d,故称恒流放电阶段。$-u_{C13}$ 下降到零之前,VS_1 承受反压,反压时间大于 t_q 就能保证关断。

二极管换流阶段:t_2 时刻 u_{C13} 降到零,之后 C_{13} 反向充电。忽略负载电阻压降,则二极管 VD_3 导通,电流为 i_V,VD_1 电流为 $i_U=I_d-i_V$,VD_1 和 VD_3 同时导通,进入二极管换流阶段。随着 C_{13} 电压增高,充电电流渐小,i_V 渐大,t_3 时刻 i_U 减到零,$i_V=I_d$,VD_1 承受反压而关断,二极管换流阶段结束。t_3 时刻以后,进入 VS_2、VS_3 稳定导通阶段。

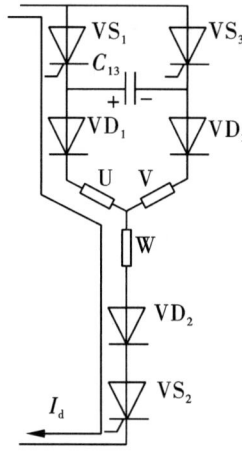

VS_1、VS_2 → VS_2、VS_3 换流

图 3-3-6 等效换流电容概念示意图

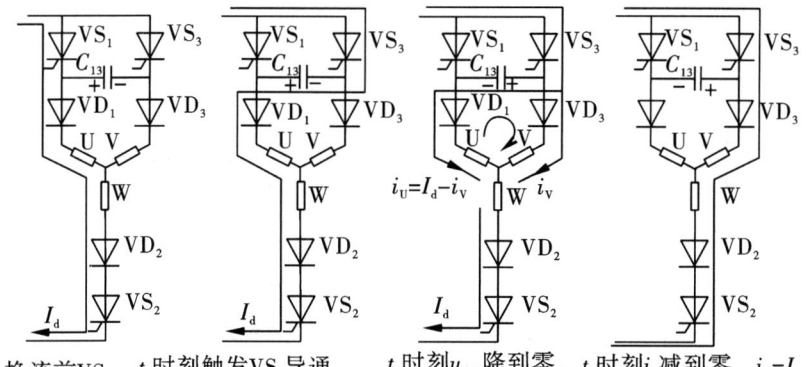

换流前 VS_1 和 VS_2 通 ； t_1 时刻触发 VS_3 导通,VS_1 被施以反压而关断 ； t_2 时刻 u_{C13} 降到零,之后 C_{13} 反向充电,二极管换流开始 ； t_3 时刻 i_U 减到零,$i_V=I_d$,VD_1 承受反压而关断,二极管换流结束

图 3-3-7 串联二极管式晶闸管逆变电路换流过程

任务四 脉宽调制电路的分析与测试

任务实施人员信息					
姓名		学号		专业班级	
隶属组		组长		伙伴成员	
任务简介					
任务名称	脉宽调制电路的分析与测试		课时规划		2
项目名称	交-直-交变频电路分析与测试		所属课程		变频器应用技术
考核点	1.电路搭建 2.波形观测				
任务内容介绍	任务描述： PWM 技术已广泛应用于变频调速和开关电源等领域。它不限于逆变技术,还覆盖了整流技术。在整流电路中采用自关断器件进行 PWM 控制,可使电网侧的输入电流接近正弦波,并且功率因数达到 1,可望彻底解决对电网的污染问题。特别是,由 PWM 整流器和 PWM 逆变器组成的电压型变频器无须增加任何附加电路就可以允许能量的双向传送,实现 4 象限运行。该任务需用单相正弦波脉宽调制(SPWM)实现交-直-交变频,搭建一个变频电路,并观测其输出波形。 图 3-4-1 单相正弦波脉宽调制交-直-交变频电路 任务分析： 电路采用 SPWM 正弦波脉宽调制,通过改变调制频率,实现交直交变频的目的。实验电路由 3 部分组成,即主电路、驱动电路和控制电路。本电路中设计的负载为电阻性或电阻电感性负载,在满足一定条件下,可接电阻启动式单相笼型异步电动机。 任务要求： 1.用示波器观察正弦调制波信号 U_r、三角载波 U_c 的波形,测试其频率可调范围。 2.观测并记录负载电压的波形。 3.边操作边讲解进行任务展示,2 人一个小组,成员协作完成。				

	任务简介
任务目标	知识目标： 1. 熟悉 PWM 的基本概念。 2. 掌握 SPWM 控制的基本原理和实现方法。 3. 了解 PWM 型逆变电路的控制方式。 能力目标： 能够熟练的构建一个 SPWM 波产生电路，并进行波形观测。 素养目标： 1. 团队协作。2. 绿色节能。3. 分析、解决问题。

任务资讯(准备)(20分)		笔记栏
知识准备	1. 什么是 PWM？什么是 SPWM？（3分） 2. 什么是单极性脉宽调制？什么是双极性脉宽调制？（4分） 3. 产生 SPWM 波的方法有哪些？（3分）	
实训器具准备	1. 实训设备。（4分） 2. 工具。（2分） 3. 仪器仪表。（2分）	
场地准备	写出准备内容。（2分）	

任务设计、实施与汇报(80分)		笔记栏
任务设计(10分)	1. 画出单相正弦波脉宽调制交–直–交变频的主电路图。(5分) 2. 写出 IGBT 专用驱动芯片 M57962L 的特点。(5分)	
任务实施与汇报(60分)	任务实施步骤： 1. 团队组建与成员分工。(2分) 2. 选择 IGBT 型号。(3分) 3. 搭建用单相正弦波脉宽调制(SPWM)实现交直交变频的电路。(10分) 4. U_r、U_c 波形观测(写出操作步骤并记录)。(20分) 5. 分析总结。(3分) 6. 任务展示汇报。(20分) 7. 场地清理。(2分) 注意事项： 1. 双踪示波器有两个探头，可同时测量两路信号，但这两探头的地线都与示波器的外壳相连，因此，两个探头的地线不能同时接在同一电路的不同电位的两个点上，否则这两点会通过示波器外壳发生电气短路。为了保证测量的顺利进行，可将其中一根探头的地线取下或外包绝缘，只使用其中一路的地线，这样从根本上解决了这个问题。当需要同时观察两个信号时，必须在被测电路上找到这两个信号的公共点，将探头的地线接于此处，各探头接至被测信号，只有这样才能在示波器上同时观察到两个信号，而不发生意外。 2. 在"测试"状态下，请勿带负载运行。 3. 面板上的"过流保护"指示灯亮，表明过流保护动作，此时应检查负载是否短路，若要继续实验，应先关机后再重新开机。	
存在问题及解决办法(10分)		

任务考评				
评分项	分值	作答及操作要求	评分标准	得分
任务资讯	20	问题回答清晰准确,能够紧扣主题,没有明显错误项	对照标准答案错误一项扣1分,扣完为止	
任务设计与实施	50	操作规范,万用表挡位选择适当、使用方法正确,废料处理符合环保要求	任务设计10分	
			组建团队及成员分工2分	
			选择晶闸管型号3分	
			搭建电路10分	
			观测波形20分	
			分析总结3分	
			场地清理2分	
任务展示汇报	20	语言简练、思路清晰、操作规范、方法正确	语言表达不清扣2分,操作错误一处扣1~3分,扣完为止	
存在问题及解决办法	10	问题合理、解决方法正确合理	解决方法错误一处扣2分,扣完为止	
合计				

相关知识	笔记栏

PWM 控制的基本原理

一、PWM 控制的基本概念

在异步电动机恒转矩的变频调速系统中，随着变频器输出频率的变化，必须相应地调节其输出电压。此外，在变频器输出频率不变的情况下，为了补偿电网电压和负载变化所引起的输出电压波动，也应适当地调节其输出电压，具体实现调压和调频的方法有很多种，但通常使用 PAM 和 PWM。

脉幅调制 PAM 技术是一种改变电压源的电压 E_d 或电流源 I_d 的幅值，进行输出控制的方式。它在逆变器部分只控制频率，在整流器部分控制输出的电压或电流。在图 3-4-2a 所示的电压型交-直-交型变频电路中，为了使输出电压和输出频率都得到控制，控制整流电路以改变输出电压，控制逆变电路来改变输出频率。在图 3-4-2b 所示的由不可控整流电路组成的电压型交-直-交型变频电路中，通过直流侧的斩波环节来改变输出电压。

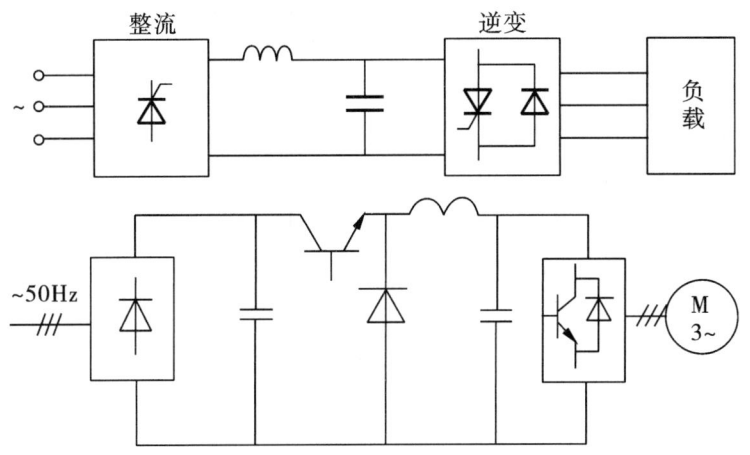

图 3-4-2 电压型交-直-交变频电路

脉宽调制 PWM 技术，就是控制逆变电路半导体开关元件的导通和关断时间比，使输出端得到一系列幅值相等而宽度不等的脉冲，调节脉冲宽度或周期来控制输出电压的一种控制技术。PWM 常用于电压型逆变器，它可消除或减小低次谐波，减小滤波器体积，有利于小型化和降低成本。现常用 SPWM 控制方式，其谐波分量小，应用广。

图 3-4-2a 所示的电压型 PWM 交-直-交变频电路中，由不可控整流电路代替可控整流电路，逆变电路采用自关断器件，逆变电路输出电压和输出频率的改变都由逆变电路完成，因此避免了由可控整流引起的谐波分量。

采用 PWM 控制技术的逆变电路，可以得到波形相当接近正弦波的输出电压和电流，减少了谐波，功率因数高，动态响应快，电路结构简单。逆变电路是 PWM 控制技术最为重要的应用场合，采用 PWM 控制的逆变电路多为电压型。

二、SPWM 控制的逆变电路

脉宽调制的方法很多，以调制脉冲的极性分可分为单极性调制和双极性调制两种，以载频信号与调制信号频率之间的关系分可分为同步调制和异步调制两种。

相关知识	笔记栏
1. 单极性正弦波脉宽调制 在调制波的半个周期内,三角波载波只在一个方向变化,所得到的 SPWM 波形也只在一个方向变化的控制方式称为单极性 PWM 控制方式。 图 3-4-3 是采用电力晶体管作为开关器件的电压型单相桥式逆变电路,假设负载为电感性,对各晶体管的控制按下面的规律进行:在正半周期,让晶体管 VT_1 一直保持导通,而让晶体管 VT_4 交替通断。当 VT_1 和 VT_4 导通时,负载上所加的电压为直流电源电压 U_d。当 VT_1 导通而使 VT_4 关断后,由于电感性负载中的电流不能突变,负载电流将通过二极管 VD_3 续流,负载上所加电压为零。如负载电流较大,那么直到使 VT_4 再次导通前,VD_3 一直持续导通,负载电压一直为零。如负载电流较快地衰减到零,在 VT_4 再次导通前,负载电压也一直为零。这样,负载上的输出电压 u_o 就可得到零和 U_d 交替的两种电平。同样,在负半周期,让晶体管 VT_2 保持导通。当 VT_3 导通时,负载被加上负电压 $-U_d$,当 VT_3 关断时,VD_4 续流,负载电压为零,负载电压 u_o 可得到 $-U_d$ 和零两种电平。这样,在一个周期内,逆变器输出的 PWM 波形就由 $\pm U_d$ 和 0 这 3 种电平组成。 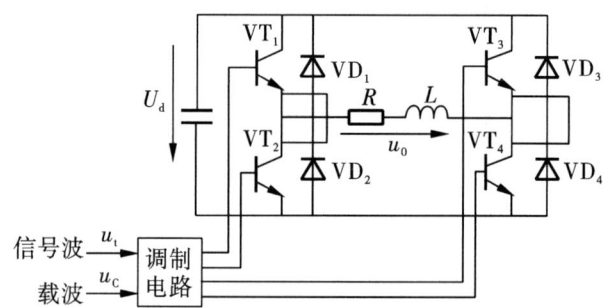 图 3-4-3 单相桥式 PWM 逆变电路 控制 VT_4 或 VT_3 通断的方法如图 3-4-3 所示。载波 u_c 在调制信号波 u_r 的正半周为正极性的三角波,在负半周为负极性的三角波。调制信号 u_r 为正弦波。在 u_r 和 u_c 的交点时刻控制晶体管 VT_4 或 VT_3 的通断。在 u_r 的正半周,VT_1 保持导通,当 $u_r > u_c$ 时,使 VT_4 导通,负载电压 $u_o = U_d$;当 $u_r < u_c$ 时,使 VT_4 关断,$u_o = 0$。在 u_r 的负半周,VT_1 关断,VT_2 保持导通,当 $u_r < u_c$ 时,使 VT_3 导通,$u_o = -U_d$;当 $u_r > u_c$ 时,使 VT_3 关断,$u_o = 0$。这样,就得到了 SPWM 波形 u_o。图中的虚线 u_{of} 表示 u_o 中的基波分量。 由以上分析可知,当正弦基波电压的瞬时绝对值大于三角波电压值时,逆变器开关元件导通,反之开关元件截止,从而逆变器输出相电压波形为等幅不等宽的脉冲列,其特点是中间的脉冲宽,两边的脉冲窄,在任何半周内始终为一个极性,这样输出电压的低次谐波分量可大大减小。在 SPWM 逆变电路中,正弦基波调制信号电压峰值为 U_{RM},频率为 f_r。三角载波电压峰值为 U_{CM},频率为 f_c,则调制比为 $$M = \frac{U_{RM}}{U_{CM}}$$ 载波比为	

相关知识	笔记栏

$$N = \frac{f_c}{f_r}$$

由图 3-4-4 可知,正弦基波的频率 f_r 就是逆变器输出电压的频率,而三角载波的频率 f_c 受开关元件的开关频率限制。载波比 N 越大,逆变器输出电压越接近正弦波,谐波分量就越小。但 N 值越大,意味着载波频率 f_c 越高,在一个工作周期元件的开关次数就越多,元件开关损耗相应增大。当幅值比改变时,常改变正弦调制电压的幅值 U_{rM},就会使各脉冲的宽度发生变化。特别是当正弦调制电压峰值接近于三角波峰值时(一般不应超过三角波的峰值),在三角波峰值附近的脉冲关断时间会很小,导致关断速度较慢的元件来不及关断,从而使相邻输出电压脉冲相连。

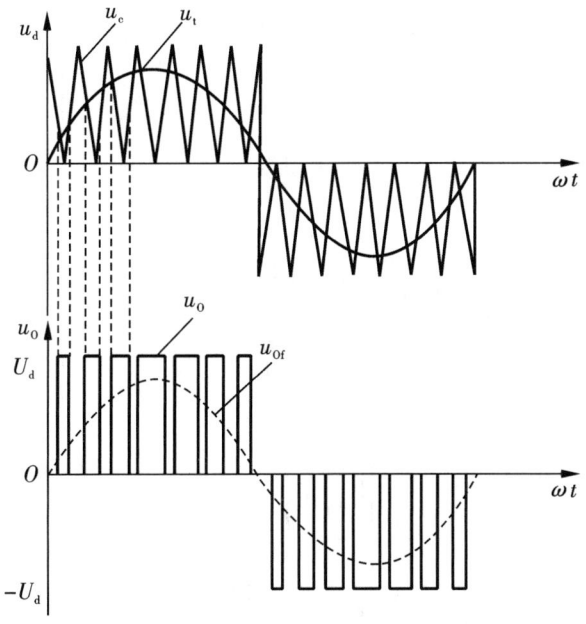

图 3-4-4 单极性 PWM 控制方式波形

2. 双极性脉宽调制

在调制波 u_r 的半个周期内,三角波载波是在正、负两个方向变化的,所得到的 SPWM 波形也是在两个方向变化的控制方式称为双极性 SPWM 控制方式。

图 3-4-3 所示的单相桥式逆变电路在采用双极性控制方式时的波形如图 3-4-5 所示。仍然在调制信号 u_r 和载波信号 u_c 的交点时刻控制各开关器件的通断。

在 u_r 的正、负半周,对各开关器件的控制规律相同,当 $u_r > u_c$ 时,给晶体管 VT_1 和 VT_4 以导通信号,给 VT_2、VT_3 以关断信号,输出电压 $u_o = U_d$。当 $u_r < u_c$ 时,给 VT_2、VT_3 以导通信号,给 VT_1 和 VT_4 以关断信号,输出电压 $u_o = -U_d$。

相关知识	笔记栏
由此可以看出,同一桥臂上下两个晶体管的驱动信号极性相反,处于互补工作方式。在电感性负载的情况下,若 VT_1 和 VT_4 处于导通状态,给 VT_1 和 VT_4 以关断信号,而给 VT_2、VT_3 以导通信号后,则 VT_1 和 VT_4 立即关断,因为感性负载电流不能突变,VT_2、VT_3 也不能立即导通,二极管 VD_2 和 VD_3 导通续流。当感性负载电流较大时,直到下一次 VT_1 和 VT_4 重新导通前,负载电流方向始终未变,VD_2 和 VD_3 持续导通,而 VT_2 和 VT_3 始终未导通。当负载电流较小时,在负载电流下降到零之前,VD_2 和 VD_3 续流,之后 VT_2 和 VT_3 导通,负载电流反向。不管是 VD_2 和 VD_3 导通,还是 VT_2 和 VT_3 导通,负载电压都是 $-U_d$。从 VT_2 和 VT_3 导通向 VT_1 和 VT_4 导通切换时,VD_1 和 VD_4 的续流情况和上述情况类似。因此,在 u_r 的一个周期内,输出的 SPWM 波形只有 $\pm U_d$ 两种电平。 同单极性 SPWM 一样,控制正弦调制波的幅值和频率,就能控制逆变器输出电压的大小和频率。 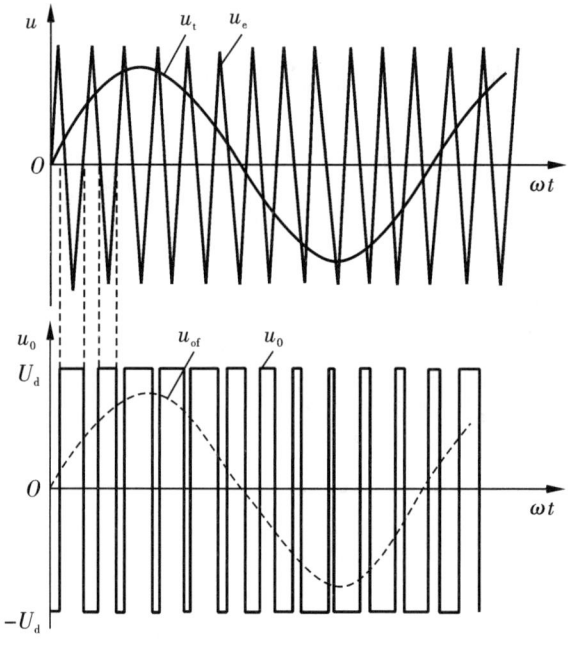 图 3-4-5 双极性 PWM 控制方式波形 3. 三相桥式 SPWM 逆变电路 在 SPWM 型逆变电路中,使用最多的是图 3-4-6a 所示的采用电力晶体管作为开关器件的电压型三相桥式逆变电路,其控制方式一般都采用双极性方式。U、V 和 W 三相的 PWM 控制通常公用一个三角波载波 u_c,三相调制信号 u_{rU}、u_{rV} 和 u_{rW} 的相位依次相差 120°。U、V 和 W 各相功率开关器件的控制规律相同,现以 U 相为例来说明。	

相关知识	笔记栏

当 $u_{rU} > u_c$ 时，给上桥臂晶体管 VT_1 以导通信号，给下桥臂晶体管 VT_4 以关断信号，则 U 相相对于直流电源假想中点 N' 的输出电压 $u_{UN'} = U_d/2$。当 $u_{rU} < u_c$ 时，给 VT_4 以导通信号，给 VT_1 以关断信号，则 $u_{UN'} = -U_d/2$。VT_1 和 VT_4 的驱动信号始终是互补的。当给 $VT_1(VT_4)$ 加导通信号时，可能是 $VT_1(VT_4)$ 导通，也可能是二极管 $VD_1(VD_4)$ 续流导通，这要由感性负载中原来电流的方向和大小来决定，和单相桥式逆变电路双极性 PWM 控制时的情况相同。V 相和 W 相的控制方式和 U 相相同。$u_{UN'}$、$u_{VN'}$、$u_{WN'}$ 的波形如图 3-4-6b 所示。这些波形都只有 $\pm U_d$ 两种电平。像这种逆变电路相电压（$u_{UN'}$、$u_{VN'}$、$u_{WN'}$）只能输出两种电平的三相桥式电路无法实现单极性控制。图中线电压 u_{UV} 的波形可由 $u_{UN'} - u_{VN'}$ 得出，逆变器输出线电压由 $\pm U_d$、0 这 3 种电平组成。

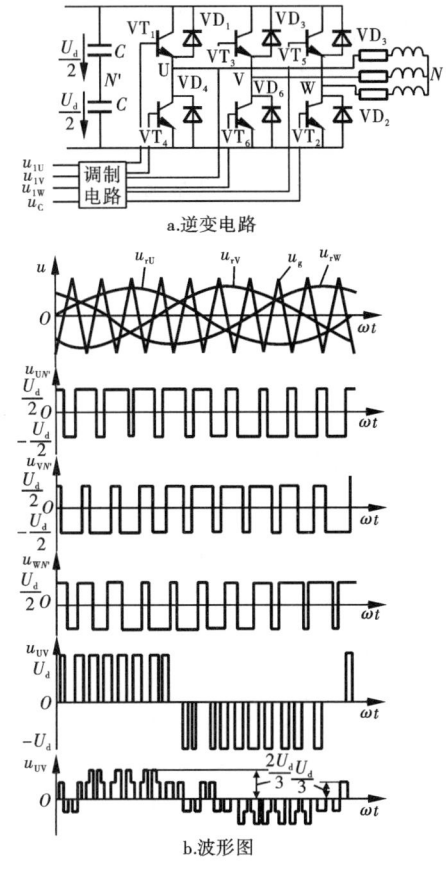

图 3-4-6 三相桥式 PWM 逆变电路及波形

图 3-4-6b 中的负载相电压 u_{UN} 可由下式求得 $u_{UN} = u_{UN'} - (u_{UN'} + u_{VN'} + u_{WN'})/3$，它由 $(\pm 2/3)U_d$、$(\pm 1/3)U_d$ 和 0，共 5 种电平组成。

在双极性 SPWM 控制方式中，同一相上、下两个臂的驱动信号都是互补的。但实际上为了防止上下两个臂直通而造成短路，在给一个臂施加关断信号后，再延迟 Δt 时间，才给另一个臂施加导通信号。延迟时间的长短主要由功率开关器件的关断时间决定。这个延迟时间将影响输出的 SPWM 波形，使其偏离正弦波。

四、产生 SPWM 波的方法
产生 SPWM 波的方法主要有计算法、调制法和跟踪法三种。
计算法：较烦琐，当输出正弦波的频率、幅值或相位变化时，结果都要变化，故在实际中很少采用。
调制法：把希望输出的波形作为调制信号，把受调制的信号作为载波，通过对此信号波（载波）的调制，得到所期望的 PWM 波。常采用等腰三角波或锯齿波作为载波，等腰三角波应用得最多。调制法分为自然采样法和规则采样法两种。

调制法产生 SPWM 波

跟踪控制法产生 SPWM 波

相关知识	笔记栏
跟踪法:把希望输出的波形作为指令信号,把实际波形作为反馈信号,通过两者的瞬时值比较来决定逆变电路各开关器件的通断,使实际的输出跟踪指令信号变化。 五、调制 PWM 波的方式 根据载波和调制波是否同步及载波比的变化情况,PWM 调制方式分为异步调制和同步调制。	 **异步调制 PWM 波**  **同步调制 PWM 波**  **分段同步调制 PWM 波**

实操任务布置	笔记栏
用单相正弦波脉宽调制(SPWM)实现交-直-交变频 **1. 任务要求** (1)用示波器观察正弦调制波信号 U_r、三角载波 U_c 的波形,测试其频率可调范围。 (2)观测并记录负载电压的波形。 **2. 所需设备及仪器仪表** 其所需设备及仪器如表3-4-1所列。	 脉宽调制电路波形观测

表 3-4-1 所需设备及仪器仪表清单

序号	名称	备注
1	DJK01 电源控制屏	该控制屏包含"三相电源输出"等几个模块
2	DJK06 给定及实验器件	该挂件包含"二极管"及"开关"等几个模块
3	DJK09 单调压与可调负载	
4	DJK14 单相交-直-交变频原理	
5	双踪示波器	自备
6	万用表	自备
7	导线	若干

3. 任务实施

电路采用SPWM正弦波脉宽调制,通过改变调制频率,实现交直交变频的目的。实验电路由3部分组成,即主电路、驱动电路和控制电路。

(1)主电路部分。如图3-4-7所示,交直流变换部分(AC/DC)为不可控整流电路(由实验挂件DJK09提供);逆变部分(DC/AC)由4只IGBT管组成单相桥式逆变电路,采用双极性调制方式。输出经 L_c 低通滤波器,滤除高次谐波,得到频率可调的正弦波(基波)交流输出。

本电路中设计的负载为电阻性或电阻电感性负载,在满足一定条件下,可接电阻启动式单相笼型异步电动机。

(2)驱动电路。如图3-4-7(以其中一路为例)所示,采用IGBT专用驱动芯片M57962L,其输入端接控制电路产生的SPWM信号,其输出可用以直接驱动IGBT。它采用快速型的光耦实现电气隔离,具有过流保护功能。

实操任务布置	笔记栏

图 3-4-7 M57962L 驱动电路结构原理

(3)控制电路。如图 3-4-8 所示,它由两片集成函数信号发生器 ICL8038 为核心组成,其中一片 8038 产生正弦调制波 U_r,另一片用以产生三角载波 U_c,将此两路信号经比较电路 LM311 异步调制后,产生一系列等幅、不等宽的矩形波 U_m,即 SPWM 波。U_m 经反相器后,生成两路相位相差 180°的 ±PWM 波,再经触发器 CD4528 延时后,得到两路相位相差 180°并带一定死区范围的两路 SPWM1 和 SPWM2 波,作为主电路中两对开关管 IGBT 的控制信号。

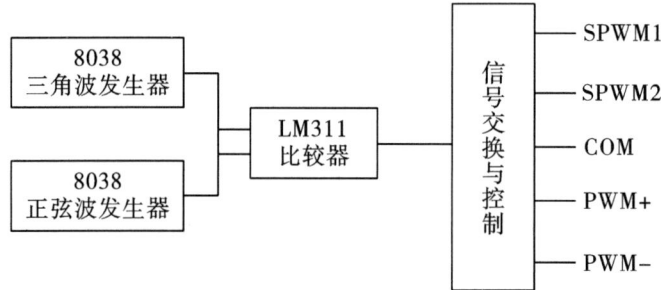

图 3-4-8 控制电路结构框图

为了便于观察 SPWM 波,面板上设置了"测试"和"运行"选择开关,在"测试"状态下,三角载波 U_c 的频率为 180 Hz 左右,此时可较清楚地观察到异步调制的 SPWM 波,通过示波器可比较清晰地观测 SPWM 波,但在此状态下不能带载运行,因载波比 N 太低,不利于设备的正常运行。在"运行"状态下,三角载波 U_c 频率为 10 kHz 左右,因波形的宽窄快速变化致使无法用普通示波器观察到 SPWM 波形,通过带储存的数字示波器的存储功能也可较清晰地观测 SPWM 波形。正弦调制波 U_r 频率的调节范围设定为 5~60 Hz。控制电路还设置了过流保护接口端 STOP,当有过流信号时,STOP 呈低电平,经与门输出低电平,封锁了两路 SPWM 信号,使 IGBT 关断,起到保护作用。

4.任务实施步骤

(1)观测控制信号在主电路不接直流电源时,打开控制电源开关,并将 DJK14 挂箱左侧的钮子开关拨到"测试"位置。

实操任务布置	笔记栏
1)观察正弦调制波信号 U_r 的波形,测试其频率可调范围。 2)观察三角载波 U_c 的波形,测试其频率。 3)改变正弦调制波信号 U_r 的频率,再测量三角载波 U_c 的频率,判断是同步调制还是异步调制。 4)比较 PWM+、PWM− 和 SPWM1、SPWM2 的区别,仔细观测同一相上下两管驱动信号之间的死区延迟时间。 (2)带电阻及电阻电感性负载运行。在步骤(1)之后,将 DJK14 挂箱面板左侧的钮子开关拨到"运行"位置,将正弦调制波信号 U_r 的频率调到最小,选择负载种类。 1)将输出接灯泡负载,然后将主电路接通由控制屏左下侧的直流电源(通过调节单相交流自耦调压器,使整流后输出直流电压保持为 200 V)接入主电路,由小到大调节正弦调制波信号 U_r 的频率,观测负载电压的波形,记录其波形参数(幅值、频率)。 2)接入 DJK06 给定及实验器件和 DJK02 上的 100 mH 电感串联组成的电阻电感性负载,然后将主电路接通由 DJK09 提供的直流电源(通过调节交流侧的自耦调压器,使输出直流电压保持为 200 V),由小到大调节正弦调制波信号 Ur 的频率,观测负载电压的波形,记录其波形参数(幅值、频率)。 5.注意事项 (1)双踪示波器有两个探头,可同时测量两路信号,但这两探头的地线都与示波器的外壳相连,因此,两个探头的地线不能同时接在同一电路的不同电位的两个点上,否则这两点会通过示波器外壳发生电气短路。为此,为了保证测量的顺利进行,可将其中一根探头的地线取下或外包绝缘,只使用其中一路的地线,这样从根本上解决了这个问题。当需要同时观察两个信号时,必须在被测电路上找到这两个信号的公共点,将探头的地线接于此处,各探头接至被测信号,只有这样才能在示波器上同时观察到两个信号,而不发生意外。 (2)在"测试"状态下,请勿带负载运行。 (3)面板上的"过流保护"指示灯亮,表明过流保护动作,此时应检查负载是否短路,若要继续实验,应先关机后重新开机。	

项目四 MM420 变频器的认识与操作

任务一 MM420 变频器的认识

任务实施人员信息					
姓名		学号		专业班级	
隶属组		组长		伙伴成员	
任务简介					
任务名称	MM420 变频器的认识		课时规划		2
项目名称	MM420 变频器的认识与操作		所属课程		变频器应用技术
考核点	变频器的结构和端子				
任务内容介绍	任务描述： 该任务以 MM420 变频器为例，主要认识其结构组成和在电路中的电气主接线方式，会根据工艺要求进行接线。 任务分析： 该变频器是交-直-交型的变频器，其主电路主要由整流、滤波和逆变三个环节组成，由微处理器控制，并采用 IGBT 作为功率输出器件。 任务要求： 1. 对照实物认识变频器的结构组成。 2. 找出其电源和负载接线端子，及各控制端子。 3. 进行主电路接线，边操作边讲解进行任务展示，2 人一个小组，成员协作完成。				
任务目标	知识目标： 1. 熟悉变频器外接主电路的配线。 2. 了解变频器的安装环境及注意事项。 3. 掌握变频器的结构组成。 能力目标： 能够正确安装变频器，并能正确连接变频器主电路接线。 素养目标： 1. 团队协作。2. 绿色节能。3. 工程实践。				

任务资讯(准备)(20 分)		笔记栏
知识准备	1.国产变频器主要有哪些品牌？国外生产的变频器主要有哪些品牌？各举出五个品牌。(4分)	
	2.MM420变频器直流环节用什么元件滤波？是电压型变频器还是电流型变频器？(3分)	
	3.变频器的控制端子有哪些？(3分)	
实训器具准备	1.实训设备。(4分)	
	2.工具。(2分)	
	3.仪器仪表。(2分)	
场地准备	写出准备内容。(2分)	

	任务设计、实施与汇报(80分)	笔记栏
任务设计(9分)	1.画出变频器的主电路接线图。(4分) 2.写出主电路接线时的注意事项。(5分)	
任务实施与汇报(60分)	任务实施步骤： 1.团队组建与成员分工。(2分) 2.对照实物找出其电源接线端和负载接线端,以及各控制端子。(2分) 3.进行主电路接线(写出操作步骤)。(30分) 4.分析总结。(3分) 5.任务展示汇报。(20分) 6.场地清理。(2分) 注意事项： 1.电源端和负载端不能接反,电动机要按照铭牌要求接成星形或者三角形。 2.注意环境卫生和废料的环保处理。 3.团队成员一定要协作完成,不可一个人独自完成。	
存在问题及解决办法(10分)		

任务考评				
评分项	分值	作答及操作要求	评分标准	得分
任务资讯	20	问题回答清晰准确,能够紧扣主题,没有明显错误项	对照标准答案错误一项扣1分,扣完为止	
任务设计与实施	50	操作规范,万用表挡位选择适当、使用方法正确,废料处理符合环保要求	任务设计9分	
			组建团队及成员分工2分	
			对照实物找出其电源接线端和负载接线端,以及各控制端子2分	
			进行主电路接线(写出操作步骤)30分	
			分析总结3分	
			场地清理2分	
任务展示汇报	20	语言简练、思路清晰、操作规范、方法正确	语言表达不清扣2分,操作错误一处扣1~3分,扣完为止	
存在问题及解决办法	10	问题合理、解决方法正确合理	解决方法错误一处扣2分,扣完为止	
合计				

相关知识	笔记栏

一、MM420 变频器简介

1. MM420 变频器的外形、接线端子、DIP 开关

(1)外形。目前生产中广泛应用的是通用变频器,根据功率的大小,从外形上看有书本型结构(0.75~37 kW)和装柜型结构(45~1500 kW)两种。

(2)接线端子。如图 4-1-1 所示,L_1、L_2、L_3(单相电源为 L、N)为电源输入端;U、V、W 为输出端,接电动机。各控制端子功能见表 4-1-1。

MM420 变频器实物

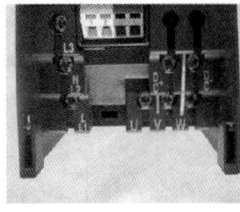

图 4-1-1 MM420 变频器的接线端子

表 4-1-1 MM420 变频器的控制端子功能

端子号	符号	功能
1	+	输出+10V
2	-	输出 0V
3	MDF+	模拟输入 1(+)
4	ADC-	模拟输入 1(-)
5	D1N1	数字输入 1
6	D1N2	数字输入 2
7	D1N3	数字输入 3
8	—	带隔离的输出+24 V/最大 100 mA
9	—	带隔离的输出 0 V/最大 100 mA
10	RL1-B	数字输出/常开触头
11	RL1-C	数字输出/切换触头
12	DAC+	输出(+)
13	DAC-	模拟输出(-)
14	P+	RS485 串行接口
15	P-	RS485 串行接口

(3)DIP 开关。缺省的电源频率设置值(工厂设置值)可以用 SDP 下的 DIP 开关加以改变,如图 4-1-2 所示。变频器交货时的设置情况如下:

1)DIP 开关 2:

Off 位置:欧洲地区缺省值(50 Hz,功率单位为 kW)。

On 位置:北美地区缺省值(60 Hz,功率单位为 hp)。

2)DIP 开关 1:不供用户使用。

图 4-1-2 DIP 开关

相关知识	笔记栏

2. MM420 变频器的原理

MICROMASTER420 是用于控制三相交流电动机速度的变频器系列。本系列有多种型号,从单相电源电压、额定功率 120W 到三相电源电压、额定功率 11 kW 可供用户选用。MM420 变频器由微处理器控制,并采用 IGBT 作为功率输出器件,因此,具有很高的运行可靠性和功能的多样性。其脉冲宽度调制的开关频率是可选的,因而降低了电动机运行的噪声。全面而完善的保护功能为变频器和电动机提供了良好的保护。其原理框图如图 4-1-3 所示。

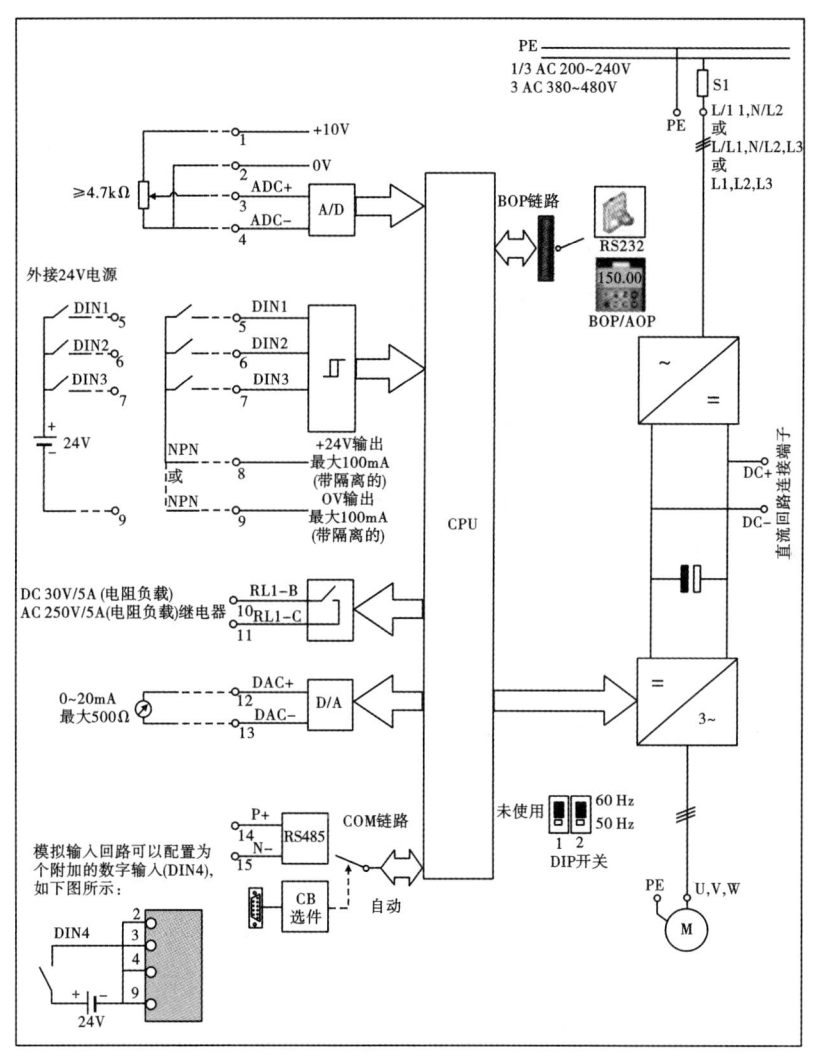

图 4-1-3 MM420 变频器原理方框图

相关知识	笔记栏
二、MM420变频器的安装 1.变频器的机械安装 (1)安装环境。由于变频器的主要组成部分是大功率器件,工作时发热比较严重,所以应安装在室内通风良好的场所,一般应采用垂直安装方式。选择安装环境时,应注意以下事项: ①环境温度。要求在-10~40 ℃的范围内(不结冰),如果环境温度为40~50 ℃,应采取强制通风措施,以利散热。 ②安装场所的相对湿度低于90%,无水珠凝结。 ③安装场所内无爆炸性、燃烧性或腐蚀性气体和液体,粉尘少。 ④安装场所应有足够的空间,便于维修检查。安装间隔及距离要求如图4-1-4所示。 ⑤安装在振动小于 $5.9 \text{ m/s}^2(0.6g)$ 的场所。 ⑥安装在无阳光直射的场所。 ⑦应备有通风口或换气装置以排出变频器产生的热量。 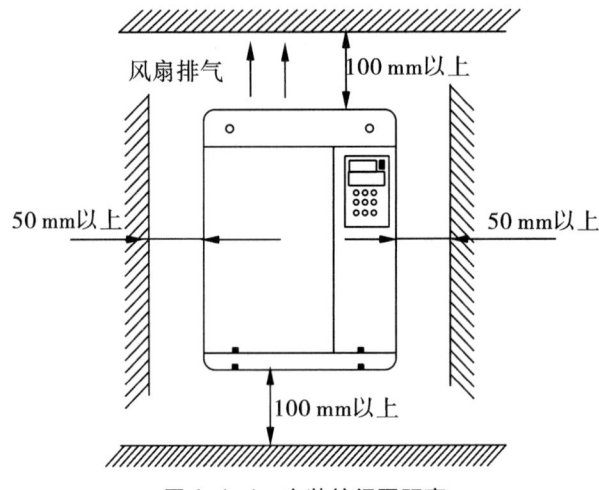 图4-1-4 安装的间隔距离 ⑧应与易受变频器产生的高次谐波和无线电干扰影响的装置分离。柜内布置应注意以下事项: ①考虑到柜内温度的增加,不应将变频器放在密封的小盒中或在其周围空间堆放零件、热源等。 ②柜内的温度应不超过50 ℃。 ③柜内安装冷却扇时,应设计成冷却空气能通过热源部分。变频器和风扇安装位置不正确,将导致变频器周围的温度超过允许数值。 ④将多台变频器安装在同一装置或控制箱里时,为减少相互热影响,建议横向并列安放,如图4-1-5a所示。必须上下(纵向)安装时,为了使下部的热量不至影响上部的变频器,应在变频器之间加入一块隔板,如图4-1-5b所示。	

相关知识	笔记栏

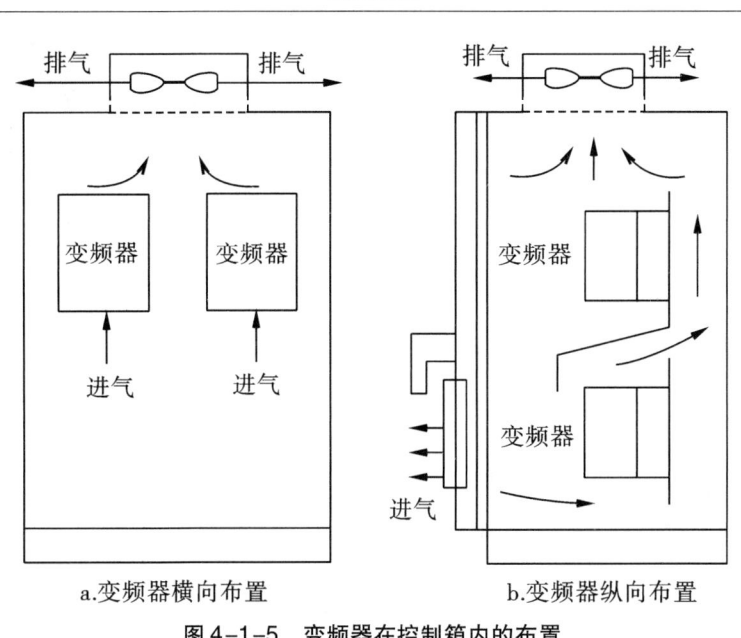

图 4-1-5 变频器在控制箱内的布置

（2）变频器的安装方法
①把变频器用螺栓垂直安装到坚固的物体上，而且从正面就可以看见变频器正面的文字位置，不要上下颠倒或平放安装。
②变频器在运行中会发热，为确保冷却风道畅通，按图 4-1-6 所示的空间安装（电线、配线槽不要通过这个空间）。由于变频器内部热量从上部排出，所以不要安装到不耐热的机器下面。
③变频器在运转中，散热片附近的温度可上升到 90 ℃，变频器背面要使用耐温材料。
④安装在控制箱内时，要充分注意换气，防止变频器周围温度超过额定值。不要放在散热不良的小密闭箱内。

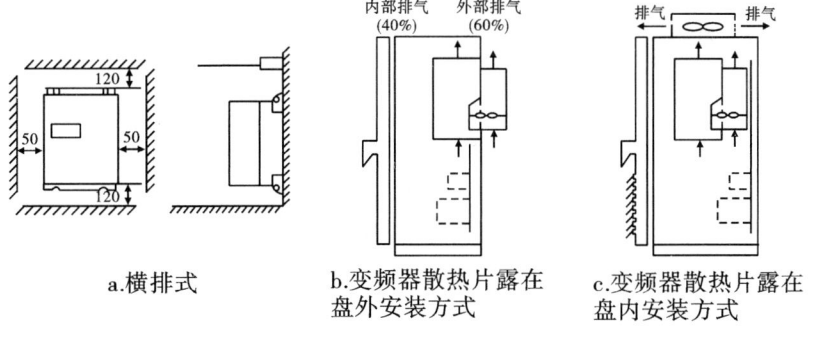

图 4-1-6 变频器的几种安装方式

2. 变频器的电气安装注意事项

相关知识	笔记栏
(1)在连接变频器或改变变频器接线之前,必须断开电源。 (2)确信电动机与电源电压的匹配是正确的。 (3)确信供电电源与变频器之间已经正确接入与其额定电流相应的断路器/熔断器。 (4)确信机柜内安装的接触器应是带阻尼的,也就是说,在交流接触器的线圈上连接有 RC 阻尼回路;在直流接触器的线圈上连接有续流二极管。安装压敏电阻对抑制过压也是有效的。当接触器由变频器的继电器进行控制时,这一点尤其重要。 (5)接电动机的连接线应采用屏蔽的或带有铠甲的电缆,并用电缆接线卡子将屏蔽层的两端接地。 (6)变频器必须可靠接地。 三、MM420 变频器的电气主回路接线 1.单独控制时的外接主电路配线 单独控制时的外接主电路如图 4-1-7 所示。配线方法、步骤如下: 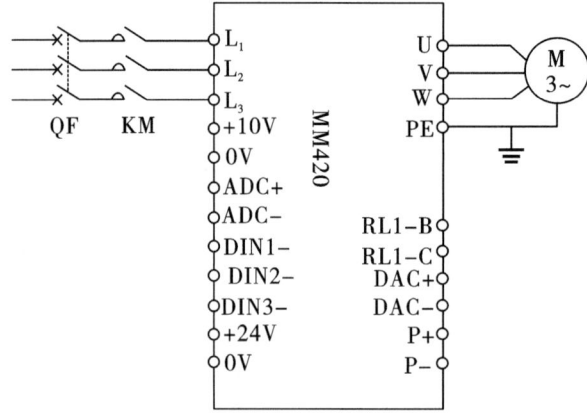 图 4-1-7 单独控制时变频器外接主电路接线 (1)取下变频器盖板。 (2)把满足要求的电源输入线接到变频器电源输入端子 L_1、L_2、L_3(三相)或 L、N(单相)。连接电源输入线可以不考虑相序问题,但严禁将电源输入线接到变频器输出端子 U、V、W。 (3)用适当电缆把电动机按正确相序连接至变频器输出端子(U、V、W)。如电动机旋转方向不对,交换电动机侧 U、V、W 中任意两相的接线即可。 (4)将变频器 PE 点直接可靠接地。不能将变频器的接地端经过另一台设备的接地端后再接地。 (5)将取下的盖板重新安装好。 2.与工频切换的主电路配线 (1)和工频切换的必要性 1)在供水系统中,为了减少设备的投资费用,常常采用由一台变频器来控制两台或 3 台水泵的方案。其工作过程是:首先由变频器控制 1 号泵,实现恒压供水,当	 电源、变频器和电动机的电气接线

相关知识	笔记栏

工作频率已经达到 49~50 Hz,而供水量尚不足时,则将 1 号泵切换成工频运行,再由变频器去启动 2 号泵。

2)某些生产机械是不允许停机的。当变频器因发生故障而跳闸时,须将电动机迅速切换至工频运行,使生产机械不停机。

(2)变频电动机有工频旁路时,应注意以下几点:

1)变频器输出与工频旁路之间应使用带机械联锁装置的交流接触器,并在电气控制回路上进行逻辑互锁,以防止变频器输出与工频电源之间引起短路而损坏变频器及相关设备,如图 4-1-8 所示。

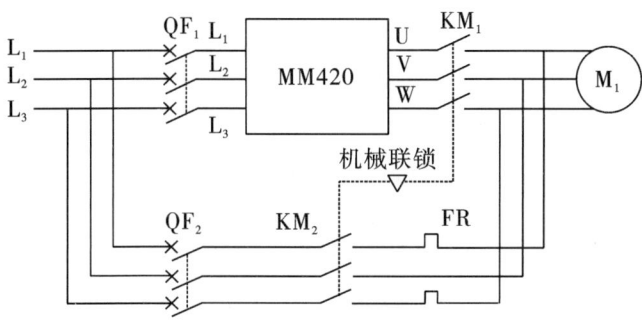

图 4-1-8 工频旁路的应用

2)变频器输出 U、V、W 相序应与工频旁路电源 L_1、L_2、L_3 相序一致;否则,在电动机由变频向工频切换过程中,会因为切换前后的相序不一致而引起电动机转向的突然反向,容易造成跳闸甚至损坏设备。

3)变频器输出控制可采用变频器内部的电子热保护开关(用户亦可单独外配过流保护装置),但应注意电动机的工频旁路中应有相应的过流保护装置。

4)把用工频电网运转中的电动机切换到变频器运转时,一旦断掉工频电网,必须等电动机完全停止以后,再切换到变频器侧启动。但从电网切换到变频器时,对于无论如何也不能一下子完全停止的设备,需要选择具有这样的控制装置(选用件)的机种,即不使电动机停止就能切换到变频器侧。一般切换电网后,使自由运转中的电动机与变频器同步,然后再使变频器输出功率。

(3)接线时的注意事项

1)输入电源必须接到 L_1、L_2、L_3(或 L、N)上,输出电源必须接到端子 U、V、W 上,若错接,会损坏变频器。

2)务必在电源和变频器电源输入端子(L_1、L_2、L_3 或 L、N)间接入断路器、接触器或熔断器,不用考虑相序。变频器输出端子(U、V、W)最好经热继电器再接至三相电动机上,当旋转方向与设定不一致时,要调换 U、V、W 三相中的任意两相。

3)变频器的输出端子不要连接到电力电容器或浪涌吸收器上,即禁止使用电容或压敏器件。不要安装移相电容、噪声滤波器或浪涌吸收器到变频器的输出侧。由于变频器输出是脉冲波,输出侧如安装有改善功率因数的电容或防雷用压敏电阻等,都会造成变频器故障跳闸或器件损坏,务必拆除,如图 4-1-9 所示。

相关知识	笔记栏

4)不应以主电路的通断来进行变频器的运行、停止操作。需用控制面板上的运行键(I)和停止键(O)或用控制电路端子 DIN_1、DIN_2 来操作。

5)端子和导线的连接应牢靠,要使用接触性好的压接端子。

6)为了防止触电、火灾等灾害和降低噪声及干扰侵入或辐射出去,必须连接接地端子。根据电气设备技术标准规定,接地电阻应不大于国家标准规定值(且接地电阻小于

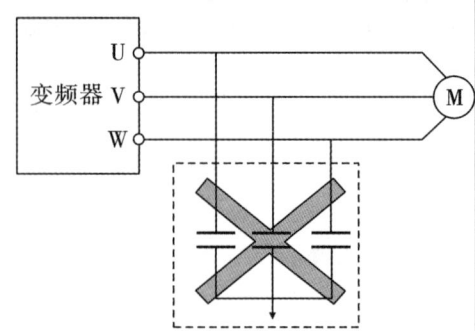

图4-1-9 变频器输出端禁止使用电容器或压敏电阻

10 Ω),且接地线应使用横截面积 3.5 mm^2 以上的铜芯线,接到变频器的专用接地端子 PE 上。当变频器和其他设备,或有多台变频器一起接地时,每台设备应分别和地相接,而不允许将一台设备的接地端和另一台设备的接地端相接后再接地,如图 4-1-10 所示。

7)配完线后,要再次检查接线是否正确,有无漏接现象,端子和导线间是否短路或接地。

8)通电后,需要改接线时,即使已经关断电源,也应等充电指示灯熄灭后,用万用表确认直流电压降到安全电压(DC25 V 以下)后再操作。若还残留有电压就进行操作,会产生火花,这时先放完电后再进行操作。

9)当变频器与所驱动的电动机之间的连接电缆长度大于 80 m 时,电缆末端的电压峰值会有一定程度的上升,可能对电动机的绝缘不利,应在变频器输出端与电动机之间串接适当容量的电抗器。

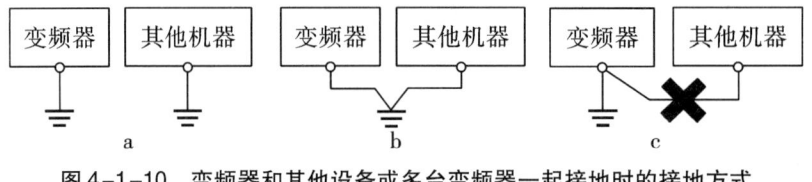

图 4-1-10 变频器和其他设备或多台变频器一起接地时的接地方式

实操任务布置	笔记栏
变频器主电路接线实训 1. 对照实物找出电源接线端和负载接线端。 2. 找出其控制端子。 3. 进行主电路接线。 注意:①电源端和负载端不能接反;②电动机要按照铭牌要求接成星形或者三角形。	  变频器的结构

任务二　MM420 变频器的基本操作

任务实施人员信息					
姓名		学号		专业班级	
隶属组		组长		伙伴成员	
任务简介					
任务名称	MM420 变频器的基本操作		课时规划		2
项目名称	MM420 变频器的认识与操作		所属课程		变频器应用技术
考核点	外接主电路元器件的选择、参数修改				
任务内容介绍	任务描述： 该任务要求用基本操作面板 BOP 更改参数的数值。 任务分析： MM 变频器有状态显示板(SDP)，利用 SDP 和制造厂的默认设置值，可以使变频器成功地投入运行。如果工厂的默认设置值不适合用户的设备情况，用户可以利用可选件 BOP 或高级操作板(AOP)修改参数(图 4-2-1)，使其匹配起来。该任务主要用 BOP 进行参数设置与调试。 SDP 状态显示板　　BOP 基本操作板　　AOP 高级操作板 图 4-2-1　MM420 变频器的状态显示板和操作板 任务要求： 1. 对照实物认识变频器的 BOP 各键的功能。 2. 修改参数 P0719、P0311 的值。 3. 边操作边讲解进行任务展示，2 人一个小组，成员协作完成。				
任务目标	知识目标： 1. 熟悉变频器外接主电路元器件的选择原则。 2. 掌握变频器 BOP 的功能及参数调试方法。 能力目标： 能够正确使用变频器的 BOP，并进行参数设置。 素养目标： 1. 团队协作。2. 绿色节能。3. 工程实践。				

	任务资讯(准备)（20 分）	笔记栏
知识准备	1. 画出变频器调速系统的主电路图。(3 分) 2. 按下列条件选择主回路电线:220 V 供电,笼型电动机 7.5 kW、4 极、额定电流 33A,电线的铺设距离 50 m,电压降在额定电压的 2% 以内。(4 分) 3. 写出低压断路器 QS 的选择计算公式。(3 分)	
实训器具准备	1. 实训设备。(4 分) 2. 工具。(2 分) 3. 仪器仪表。(2 分)	
场地准备	写出准备内容。(2 分)	

任务设计、实施与汇报(80分)		笔记栏
设计任务 (10分)	1. 画出变频器的主电路接线图。(5分) 2. 写出修改参数的步骤。(5分)	
任务 实施 与 汇报 (60分)	任务实施步骤： 1. 团队组建与成员分工。(2分) 2. 进行主电路接线。(5分) 3. 修改参数 P0311 的值为"1500"(写出操作步骤)。(10分) 4. 将变频器复位为工厂的默认设定值：设定 P0010 = 30。设定 P0970 = 1。 (20分) 5. 任务展示汇报。(20分) 6. 场地清理。(3分) 注意事项： 1. 修改参数的数值时，BOP 上有时会显示"P----"，这表明变频器正忙于处理优先级更高的任务，此时不要做任何操作，直到这种状态结束。 2. 完成复位过程至少要 3min。 3. 注意环境卫生和废料的环保处理。 4. 团队成员一定要协作完成，不可一个人独自完成。	
存在 问题 及 解决 办法 (10分)		

任务考评					
评分项	分值	作答及操作要求	评分标准		得分
任务资讯	20	问题回答清晰准确,能够紧扣主题,没有明显错误项	对照标准答案错误一项扣1分,扣完为止		
任务设计与实施	50	操作规范,万用表挡位选择适当、使用方法正确,废料处理符合环保要求	任务设计10分		
			组建团队及成员分工2分		
			进行主电路接线5分		
			修改参数P0311的值为150010分		
			将变频器复位为工厂的默认设定值20分		
			场地清理3分		
任务展示汇报	20	语言简练、思路清晰、操作规范、方法正确	语言表达不清扣2分,操作错误一处扣1~3分,扣完为止		
存在问题及解决办法	10	问题合理、解决方法正确合理	解决方法错误一处扣2分,扣完为止		
合计					

相关知识	笔记栏

一、变频调速系统主电路元器件的选择

变频调速系统主电路如图 4-2-2 所示。

1. 低压断路器 QS

(1) 功用

1) 隔离作用。当变频器进行维修时,或长时间不用时,将 QS 切断,使变频器与电源隔离。

2) 保护作用。空气开关大都具有过电流及欠电压等保护功能,当变频器的输入侧发生短路或电源电压过低等故障时,可迅速进行保护。

(2) 选择。在变频器单独控制的主电路中,属于正常过电流的情况有:

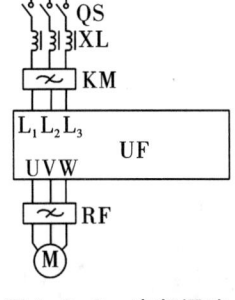

图 4-2-2 变频调速系统的主电路

1) 变频器在刚接通电源的瞬间,对电容器的充电电流可高达额定电流的 2~3 倍。

2) 变频器的进线电流是脉冲电流,其峰值常可能超过额定电流。因为空气开关具有过电流保护功能,为了避免不必要的误动作,取 $I_{QN} \geq (1.3 \sim 1.4)I_N$,式中,$I_{QN}$ 为空气开关的额定电流,I_N 为变频器的额定电流。

在切换控制的主电路中,因为电动机有可能在工频下运行,故应按电动机在工频下的启动电流来进行选择:$I_{QN} \geq 2.5I_{MN}$,式中,I_{MN} 为电动机的额定电流。

2. 接触器 KM

(1) 输入侧接触器

1) 功用。可通过按钮开关方便地控制变频器的通电与断电;另外,当变频器发生故障时,可自动切断电源。

2) 选择。由于接触器自身并无保护功能,不存在误动作的问题。故选择原则是,主触点的额定电流 I_{KN} 只需不小于变频器的额定电流即可,即 $I_{KN} \geq I_N$。

(2) 输出侧接触器

1) 功用。仅用于和工频电源切换等特殊情况下,一般不用。

2) 选择。因为输出电流中含有较强的谐波成分,其有效值略大于工频运行时的有效值,故主触点的额定电流 I_{KN} 应满足:$I_{KN} \geq 1.1I_{MN}$。

(3) 工频接触器。工频接触器的选择应考虑电动机在工频下的启动情况,其触点电流可按电动机的额定电流将接触器的额定电流再加大一个挡来选择。

3. 保护电器

(1) 熔断器 (FU)。可仿照空气断路器的选择方法来选。

(2) 热继电器 (FR)。热继电器的发热元件的额定电流 I_{RN} 可按下式选择:$I_{RN} \geq (1.1 \sim 1.15)I_{MN}$。

4. 电抗器

变频器的输入电流中含有许多高次谐波成分,这些高次谐波电流都是无功电流,使变频调速系统的功率因数降低到 0.75 以下。因此,在容量较大的变频调速系统中,应考虑接入电抗器,以提高功率因数。

相关知识	笔记栏
(1) 交流电抗器(AL)。交流电抗器外形如图4-2-3所示,在工程实践中一般在下列情况下使用输入交流电抗器: 1) 变频器所用场所的电源供电容量与变频器容量之比为10∶1以上。 2) 在与变频器同一电源上接有晶闸管设备,或带有开关控制的功率因数补偿装置的场合。 3) 三相电源的电压不平衡度较大,且大于3%时。 4) 变频器功率大于30 kW时考虑配置交流电抗器。常用交流电抗器的规格见表4-2-1。  图4-2-3 交流电抗器外形 表4-2-1 常用交流电抗器的规格 	电动机容量/kW	30	37	45	55	75	90	110	132	160	200	220
---	---	---	---	---	---	---	---	---	---	---	---
允许电流/A	60	75	90	110	150	170	210	250	300	380	415
电感量/μH	0.32	0.26	0.21	0.18	0.13	0.11	0.09	0.08	0.06	0.05	0.05 | (2) 直流电抗器(DL)。直流电抗器可将功率因数提高至0.9以上,由于其体积小,因此许多变频器已将直流电抗器直接装在变频器内。直流电抗器除了提高功率因数外,还可削弱在电源刚接通瞬间的冲击电流。如果同时配用交流电抗器和直流电抗器,则可将变频调速系统的功率因数提高至0.95以上。常用直流电抗器的规格见表4-2-2。 表4-2-2 常用直流电抗器规格 | 电动机容量/kW	30	37~55	75~90	110~132	160~200	220	280
---	---	---	---	---	---	---	---
允许电流/A	75	150	220	280	370	560	740
电感量/μH	600	300	200	140	110	70	55		

相关知识	笔记栏
5. 滤波器 变频器的输入和输出电流中都含有很多高次谐波成分。这些高次谐波电流除了增加输入侧的无功功率、降低功率因数(主要是频率较低的谐波电流)外,频率较高的谐波电流将以各种方式把自己的能量传播出去,形成对其他设备的干扰信号,严重的甚至使某些设备无法正常工作。 根据使用位置的不同,滤波器可以分为输入滤波器和输出滤波器。输入滤波器有线路滤波器和辐射滤波器两种。线路滤波器串联在变频器的输入侧,由电感线圈组成,增大电路的阻抗,减少频率较高的谐波电流;在需要使用外控端子控制变频器时,如果控制回路电缆较长,外部环境的干扰有可能从控制回路电缆侵入,造成变频器误动作,此时将线路滤波器串联在控制回路电缆上,可以消除干扰。辐射滤波器并联在电源与变频器的输入侧,由高频电容组成,可以吸收频率较高具有辐射能量的谐波成分,用于降低无线电噪声。线路滤波器与辐射滤波器同时使用效果较好。滤波器的构成如图 4-2-4 所示。 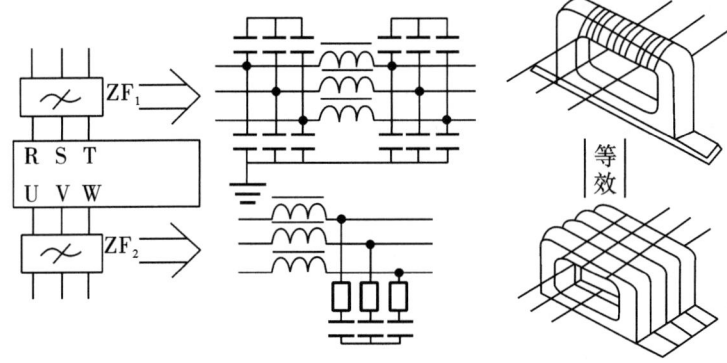 　　a.框图　　　b.电抗器和电容器　　c.滤波电抗器的结构 图 4-2-4　滤波器的构成 6. 主回路电线线径的选择 (1)电源与变频器之间的导线。一般说来,和同容量普通电动机的电线选择方法相同。考虑到其输入侧的功率因数往往较低,故应本着"宜大不宜小"的原则来决定线径。 (2)变频器与电动机之间的导线。因为频率下降时,电压也要下降,在电流相等的情况下,线路电压降 ΔU 在输出电压中占的比例将上升,而电动机得到电压的比例则下降,有可能导致电动机带不动负载并发热。因此,在决定变频器与电动机之间导线的线径时,最关键的因素便是线路电压降 ΔU 的影响。一般要求 $\Delta U \leq (2\sim3)\% U_N$。主回路电线的电阻值必须满足: $$R_C \leq (1000 \times \Delta U)/(\sqrt{3} L I_{MN})$$ 式中,R_C 为单位长电线的电阻值(Ω/km);ΔU 为容许线间电压降(V);L 为 1 相电线的铺设距离(m);I_{MN} 为电动机额定电流(A)。	

相关知识	笔记栏

为了便于读者进行选择,今将常用电动机主回路电线的单位长度电阻值列于表 4-2-3 中。

表 4-2-3 电动机主回路电线的单位长度电阻值

标称截面/mm^2	1.0	1.5	2.5	4.0	6.0	10.0	16.0	25.0	35.0
R_C/(Ω/km)	17.8	11.9	6.92	4.40	2.92	1.73	1.10	0.69	0.49

【例1】 按下列条件选择主回路电线:220 V 供电,笼型电动机 7.5 kW、4 极、额定电流 33A,电线的铺设距离 50m,电压降在额定电压的 2% 以内。

解: (1) 求额定电压下的容许电压降。容许电压降 = 2%×220 = 4.4(V)。
(2) 求容许压降以内的电线电阻值。

电线电阻 = [(1000×4.4)/($\sqrt{3}$ ×50×33)] = 1.54(Ω/km)

(3) 根据计算出的电阻选用导线。由表 4-2-3 所示选择电线电阻 1.5 Ω/km 以下的电线,横截面积为 14 mm^2。

二、MM420 变频器 BOP 的功能

1. 用状态显示板(SDP)调试和操作

面板上的 SDP 有两个 LED,用于显示变频器当前的运行状态。

(1) 采用 SDP 时,变频器的预设定值必须与电动机数据兼容(建议采用西门子的标准电动机):电动机额定功率;电动机电压;电动机额定电流;电动机额定频率。此外,必须满足以下条件:①线性 U/f 电动机速度控制,模拟电位计输入。50 Hz 供电电源时,最大速度 3000 r/min(60 Hz 供电电源时为 3600 r/min);可以通过变频器的模拟输入电位计进行控制。②斜坡上加速时间/斜坡下降时间 = 10s。
(2) 使用变频器上装设的 SDP 可进行的基本操作有:①启动和停止电动机;②电动机反向;故障复位。

使用 SDP 操作时的默认值设置见表 4-2-4 所示。

表 4-2-4 用 SDP 操作时的默认设置值

端子功能	端子	参数	默认操作
数字输入1	5	P0701 = '1'	ON,象征运行
数字输入2	6	P0702 = '12'	反向运行
数字输入3	7	P0703 = '9'	故障复位
输出继电器	10/11	P0731 = '52.3'	故障识别
模拟输出	12/13	P0771 = 21	输出频率
模拟输入	3/4	P0700 = 0	频率设定值
	1/2		模拟输入电源

正确连接后输入模拟信号,即可实现对电动机速度的控制。

相关知识	笔记栏
2. 基本操作面板的认识 基本操作面板（BOP）如图4-2-6所示，其功能说明如表4-2-5所示。 **表4-2-5　基本操作面板（BOP）功能说明** 基本操作面板（BOP）上的按钮	 MM420 变频器操作面板

显示/按钮	功能	功能说明
r0000	状态显示	LCD显示变频器当前的设定值。
I	起动变频器	按此键起动变频器。缺省值运行时此键是被封锁的。为了使此键的操作有效，应设定P0700=1。
O	停止变频器	OFF1：按此键，变频器将按选定的斜坡下降速率减速停车，缺省值运行时此键被封锁；为了允许此键操作，应设定P0700=1。OFF2：按此键两次（或一次，但时间较长）电动机将在惯性作用下自由停车。此功能总是"使能"的。
⟲	改变电动机的转动方向	按此键可以改变电动机的转动方向。电动机的反向用负号（-）表示或用闪烁的小数点表示。缺省值运行时此键是被封锁的，为了使此键的操作有效，应设定P0700=1。
jog	电动机点动	在变频器无输出的情况下按此键，将使电动机启动，并按预设定的点动频率运行。释放此键时，变频器停车。如果变频器/电动机正在运行，按此键将不起作用。
Fn	功能	此键用于浏览辅助信息。变频器运行运程中，在显示任何一个参数时按下此键并保持不动2秒钟，将显示以下参数值（在变频器运行中，从任何一个参数开始）：1.直流回路电压（用d表示-单位：V）2.输出电流（A）3.输出频率（Hz）4.输出电压（用o表示-单位：V）5.由P0005选定的数值（如果P0005选择显示上述参数中的任何一个（3,4或5），这里将不再显示。跳转功能在显示任何一个参数（rXXXX或PXXXX）时短时间按下此键，将立即跳转到r0000，如果需要的话，您可以接着修改其它的参数。跳转到r0000后，按此键将返回原来的显示点。

相关知识

续表 4-2-5

显示/按钮	功能	功能说明
(P)	访问参数	按此键即可访问参数。
(▲)	增加数值	按此键即可增加面板上显示的参数数值。
(▼)	减少数值	按此键即可减少面板上显示的参数数值。

3. 基本操作面板 BOP 的操作

(1) BOP 面板更改参数 P0004 的数值,见表 4-2-6。

表 4-2-6 参数 P0004 的数值更改操作步骤

	操作步骤	显示的结果
1	按 (P) 访问参数	r0000
2	按 (▲) 直到显示出 P0004	P0004
3	按 (P) 进入参数数值访问数	0
4	按 (▲) 或 (▼) 达到所需要的数值	3
5	按 (P) 确认并存储参数的数值	P0004
6	按 (▼) 直到显示出 r000	r0000
7	按 (P) 返回标准的变频器显示(由用户定义)	

(2) 快速修改参数的数值。为了快速修改参数的数值,可以一个个地单独修改显示出的每个数字,操作步骤如下:确信已处于某一参数数值的访问级。

1) 按 (Fn) (功能键),最右边的一个数字闪烁。

2) 按 (▲)、(▼) 修改这位数字的数值。

3) 再按 (Fn) (功能键),相邻的下一位数字闪烁。

4) 执行 2) 至 3) 步,直到显示出所要求的数值。

5) 按 (P) 键退出参数数值的访问级。

相关知识	笔记栏
修改参数的数值时,BOP 有时会显示"P----",表明变频器正忙于处理优先级更高的任务。 三、外接的电动机过载保护 电动机在额定速度以下运行时,安装在电动机轴上的风扇的冷却效果降低。因此,如果要在低频下长时间连续运行,大多数电动机必须降低额定功率使用。为了保护电动机在这种情况下不致过热而损坏,电动机应安装 PTC 温度传感器,并把它的输出信号连接到变频器的相应控制端,同时使能 P0601。为了使能跳闸功能,请设定参数 P0701、P0702 或 P0703 = 29。 变频器基本操作面板的认识与操作 1. 任务要求:用基本操作面板更改参数的数值。 2. 任务实施步骤 (1) 改变参数 P0719。操作步骤见表 4-2-7。	 用 BOP 面板更改参数数值

表 4-2-7　参数 P0719 的参数设置操作步骤

	操作步骤	显示的结果
1	按 P 访问参数	r0000
2	按 ▲ 直到显示出 P0719	P0719
3	按 P 进入参数数值访问级	in000
4	按 P 显示当前的设定值	0
4	按 ▲ 或 ▼ 选择运行所需要的最大频率	3
5	按 P 确认并存储 P0719 的设定值	P0719
6	按 ▼ 直到显示出 r000	r0000
7	按 P 返回标准的变频器显示(由用户定义)	

(2) 快速修改 P0311 的值为 1500 r/min。
(3) 将变频器复位为工厂的默认设定值。
为了把变频器的全部参数复位为工厂的默认设定值,应该按照下面的数值设定参数:
(1) 设定 P0010 = 30。
(2) 设定 P0970 = 1。完成复位过程至少要 3min。

任务三　面板控制电动机的正反转

任务实施人员信息					
姓名		学号		专业班级	
隶属组		组长		伙伴成员	
任务简介					
任务名称	面板控制电动机的正反转		课时规划		2
项目名称	MM420变频器的认识与操作		所属课程		变频器应用技术
考核点	参数设置				
任务内容介绍	任务描述： 变频器的BOP面板上的绿色键I键是启动键,红色键O键是停止键,在启动条件下,按下绿色键可以使变频器启动,按下红色键可以使变频器停止,按下双箭头键可以改变电动机的转动方向。该任务就是通过面板来控制电动机的启停与反转。 任务分析： 为了适合电动机带各种类型的负载,也为了变频器的使用和操作更加方便灵活,变频器还提供了多种运行功能和操作方式,用户可以根据需要,选择最合适的功能和模式,使负载能够在最佳的状态下运行。 任务要求： 1.正确连接主电路,并画出主电路接线原理图。 2.用操作面板改变变频器参数。 3.正确设置变频器输出的额定频率、额定电压、额定电流、额定功率、额定转速。 4.用面板实现电动机的启停控制和正/反转控制,并用面板上的升降键改变输出频率。 5.边操作边讲解进行任务展示,2人一个小组,成员协作完成				
任务目标	知识目标： 1.熟悉变频器的U/f控制模式的类型及选择。 2 了解变频器的各种频率参数及功能预置。 能力目标： 1.能够正确使用变频器的BOP面板,并进行参数设置。 2.能够正确使用BOP面板实现电动机的启停与反转。 素养目标： 1.团队协作。2.绿色节能。3.工程实践。				

任务资讯(准备)（20 分）		笔记栏
知识准备	1. 写出变频器运行前需经过的几个步骤。(3 分) 2. 变频器的 U/f 曲线有哪几种？(4 分) 3. 变频器的命令源有哪几种？频率给定方式有哪几种？(3 分)	
实训器具准备	1. 实训设备。(4 分) 2. 工具。(2 分) 3. 仪器仪表。(2 分)	
场地准备	写出准备内容。(2 分)	

任务设计、实施与汇报(80分)		笔记栏
任务设计 (10分)	设计面板启停与反转电动机时变频器的参数。(10分)	
任务实施与汇报 (60分)	任务实施步骤： 1. 团队组建与成员分工。(2分) 2. 进行主电路接线。(5分) 3. 设置变频器参数(写出操作步骤) (1) 将变频器复位为工厂的默认设定值。(2分) (2) 允许访问扩展参数。(2分) (3) 快速调试。(2分) (4) 设定电动机参数。(22分) (5) 准备启动。(2分) 4. 启停与反转电动机。(2分) 5. 改变电动机的转速。(2分) 6. 任务展示汇报。(16分) 7. 场地清理。(3分) 注意事项： 1. 参数设置完成后，一定要把 P0010=0，方可启动。 2. P0700=1 才能用面板上的启动键进行启动。 3. P1000=1 才能用面板上的上升键、下降键改变输出频率。 4. 注意团队协作、环境卫生和废料的环保处理。	
存在问题及解决办法 (10分)		

任务考评				
评分项	分值	作答及操作要求	评分标准	得分
任务资讯	20	问题回答清晰准确,能够紧扣主题,没有明显错误项	对照标准答案错误一项扣1分,扣完为止	
任务设计与实施	54	操作规范,万用表挡位选择适当、使用方法正确,废料处理符合环保要求	任务设计10分	
			组建团队及成员分工2分	
			进行主电路接线5分	
			设置变频器参数30分	
			启停与反转电动机2分	
			改变电动机的转速2分	
			场地清理3分	
任务展示汇报	16	语言简练、思路清晰、操作规范、方法正确	语言表达不清扣2分,操作错误一处扣1~3分,扣完为止	
存在问题及解决办法	10	问题合理、解决方法正确合理	解决方法错误一处扣2分,扣完为止	
合计				

相关知识	笔记栏
一、变频器运行前准备步骤 (1) 功能参数的预置。变频器运行时的基本参数和功能参数是通过功能预置得到的。基本参数是指变频器运行所必须具有的参数,主要包括转矩补偿、上/下限频率、基本频率、加/减速时间等。功能参数是根据选用的功能而需要预置的参数,如 PID 调节的功能参数等。如果不预置参数,变频器按出厂时的设定选取。 (2) 运行模式的选择。运行模式是指变频器运行时给定频率和启动信号从哪里给出。选择运行模式大多采用功能预置的方法,如 MM420 变频器的功能码是 P0700。 (3) 给出启动信号。经过以上两步,变频器已做好了运行的准备,只要启动信号一到,变频器就可按照预设的参数运转。 二、变频器的 U/f 控制模式 MM420 变频器的所有控制方式都基于 U/f 控制特性。以下控制关系适用于各种不同的应用对象:①线性 U/f 控制 P1300 = 0;②带磁通电流控制的线性 U/f 控制,P1300 = 1,这一控制方式可用于提高电动机的效率和改善其动态响应特性;③抛物线(平方)U/f 控制 P1300 = 2,这一方式可用于可变转矩负载,例如风机和水泵;④多点 U/f 控制 P1300 = 3。 1. U/f 控制的概念 U/f 控制(也称转矩提升)是指通过提高 U/f 比来补偿频率 f_x 下调时引起的电磁转矩 T_{kx} 下降。 (1) 完全补偿的 U/f 控制。不论 f_x 调多小,通过提高电源电压 u_x 都能使得最大电磁转矩 T_{kx} 与额定频率时的最大转矩 T_{kn} 相等,以保证电动机的过载能力不变,这种补偿称为全补偿。 (2) 补偿过分的后果。如果 U/f 比选择不当,使得电压补偿过多,即 u_x 提升过多,而此时电动机的负载和转速均没有发生改变,必定会使得励磁电流 I_0 增大,其结果是使磁通 Φ_M 增大,电动机铁芯饱和,严重时可能会引起变频器因过电流而跳闸。 2. U/f 控制功能的选择 为了方便用户选择 U/f 比,变频器通常都是以 U/f 控制曲线的方式提供给用户,供用户选择,如图 4-3-1 所示。 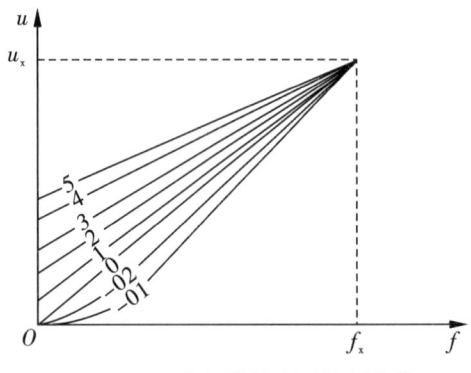 图 4-3-1 变频器的 U/f 控制曲线	

相关知识	笔记栏
(1)基本 U/f 控制曲线(线性 U/f 控制曲线,P1300=0) 1)特点。没有补偿时的电压 u_x 和频率 f_x 之间的关系,是进行 U/f 控制时的基准线。基本 U/f 控制线上,与额定输出电压对应的频率称为基本频率,用 f_b 表示。基本 U/f 控制曲线如图 4-3-2 所示。 2)适用负载。可用于可变转矩和恒定转矩的负载,如,带式运输机和正排量泵类。 (2)转矩补偿的 U/f 曲线。 1)特点。在 $f_x=0$ 时,不同的 U/f 曲线,电压补偿值 u_x 不同,如图 4-3-1 中第 1~5 条曲线所示。 2)适用负载。适用于低速时需要较大转矩的负载。且根据低速时负载的大小来确定补偿的程度,选择 U/f 线。 3)转矩提升。转矩提升是指在频率 $f=0$ 时补偿电压的值,如图 4-3-3 曲线 2 所示。在变频器和电动机相距较远,低速范围时电动机转矩不足(防止失速动作时)等的情况下,把设定值调大使用。可以调整低频域电动机转矩,使之配合负荷并增大启动转矩。 图 4-3-2 基本 U/f 控制曲线　　图 4-3-3 转矩提升 A. 启动提升(P1312)(输入以%值表示的提升值)。发出"ON"命令后的启动过程中,在 U/f(线性的或平方的)曲线上附加一个恒定的线性偏移量(启动提升值)[在 MM420 变频器中,该提升值以 P0305(电动机的额定电流)的%]值表示],这一功能适用于启动具有大惯性的负载。启动提升的设定值(P1312)太高将使变频器达到电流极限,然后把输出频率限定在设定频率以下。启动提升的 U/f 曲线如图 4-3-4 所示。	

相关知识

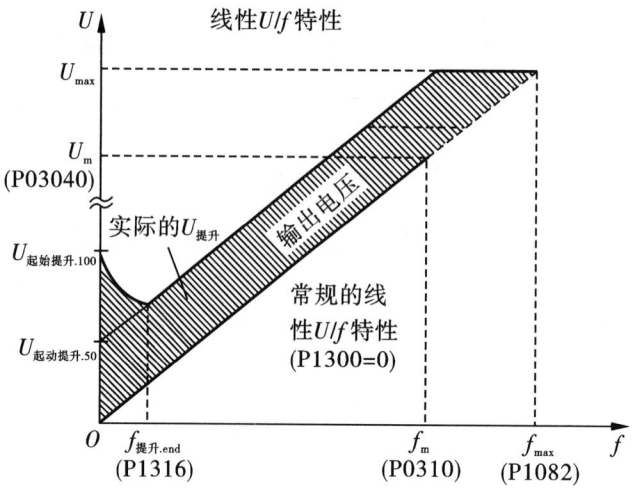

图 4-3-4　启动提升的 U/f 曲线

P1316 表示提升的编程点(end 点)频率,用于确定 U/f 曲线上的一个点,频率达到这一点时提升值达到其编程值的 50%。这一数值用 P0310(电动机的额定频率)的[%]值表示。

B. 加速度提升(P1311)(输入以%值表示的提升值)。

加速度提升只是在斜坡上升和斜坡下降时才产生提升电压,并在加速、制动期间产生附加转矩。在 MM420 变频器中,电压提升值以 P0305(电动机额定电流)和 P0350(定子电阻)乘积的%值表示。

与启动提升(P1312)不同的地方是,启动提升只是在 ON 命令后第一次加速运行时起作用,而加速度提升则在传动装置的每一次加速或制动时都起作用。加速提升的 U/f 曲线如图 4-3-5 所示。

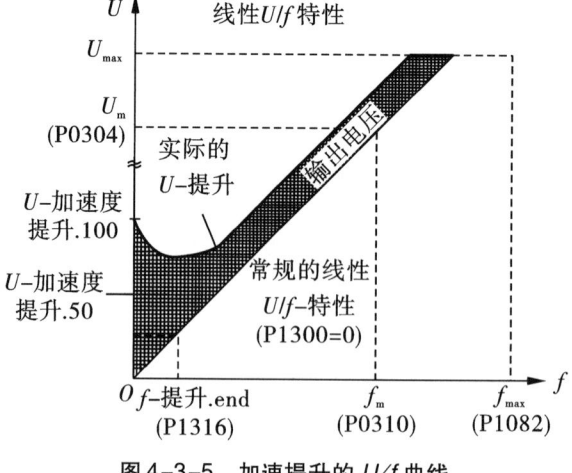

图 4-3-5　加速提升的 U/f 曲线

相关知识	笔记栏

C. 连续提升(P1310)(输入以%值表示的提升值)。在 MM420 变频器中,连续提升的电压提升值以 P0305(电动机额定电流)和 P0350(定子电阻)乘积的%值表示,如图 4-3-6 所示。

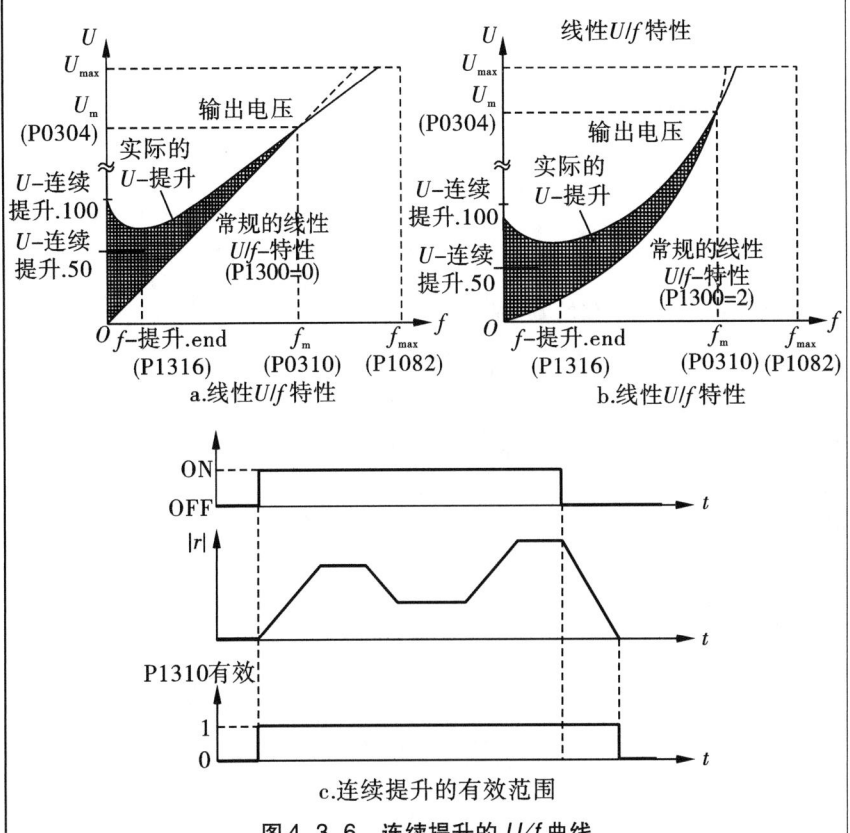

图 4-3-6　连续提升的 U/f 曲线

(3) 负补偿的 U/f 曲线(抛物线或平方 U/f 控制,P1300=2)。

1)特点。低速时,U/f 线在基本 U/f 曲线的下方,如图 4-3-1 中的 01、02 线所示。这种在低速时减小电压 U 的做法叫负补偿,也叫低减 U/f 比。这种控制方式考虑了被驱动负载的转矩特性(如风机、水泵)。负补偿的 U/f 曲线如图 4-3-7 所示。

2)适用负载。主要适用于风机、泵类的平方率负载。由于这种负载的阻转矩和转速平方成正比,即低速时负载转矩很小,即使不补偿,电动机输出的电磁转矩都足以带动负载,而且还有富裕。

相关知识	笔记栏

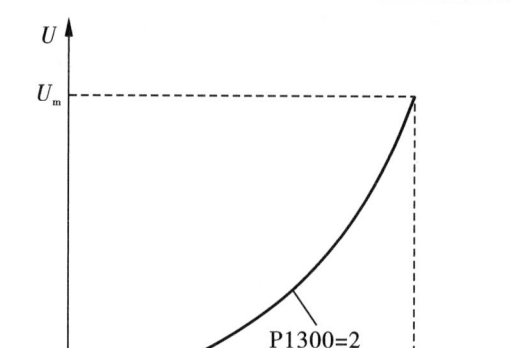

图 4-3-7 负补偿的 U/f 曲线

(4) U/f 比分段的补偿线（多点可编程 U/f 控制曲线，P1300=3）。

1）特点：U/f 曲线由几段组成，每段的 U/f 值均由用户自行给定，具有可编程的控制特性，这种控制方式考虑了电动机、变频器负载（如同步电动机）转矩特性的需要，如图 4-3-8 所示。

2）适用负载。主要适合负载转矩与转速大致成比例的负载。在低速时补偿少，在高速时补偿程度需要加大。

P1320 表示可编程的 U/f 特性曲线频率坐标。设定 U/f 坐标（P1320／1321 至 P1324／1325），用于编程确定 U/f 特性曲线。

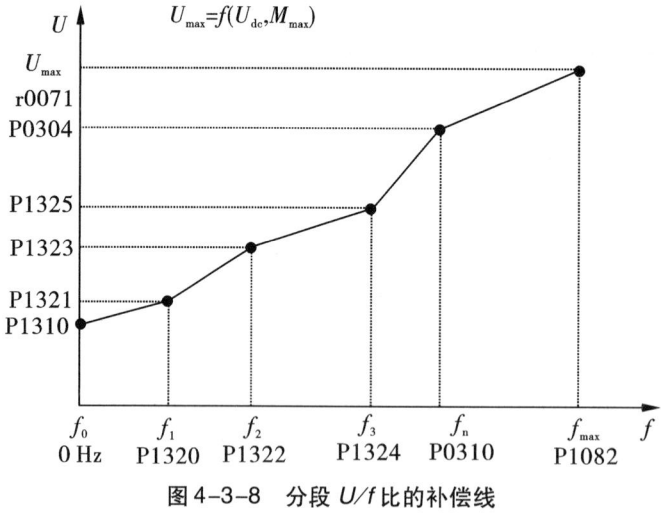

图 4-3-8 分段 U/f 比的补偿线

特性曲线可编程的 U/f 控制（P1300 = 3）方式下，曲线上有三个点是可编程的。曲线上两个不可编程的点是：在 0HZ 处的提升电压 P1310；在电动机额定频率（P0310）处的额定电压（P0304）。

相关知识	笔记栏
在 P1311 和 P1312 中确定的加速度提升和启动提升都可以迭加到可编程的 U/f 特性曲线上。 (5)带磁通电流控制(FCC)的线性 U/f 控制(P1300=1)。P1333 FCC 的起始频率。这一控制方式可用于提高电动机的效率和改善其动态响应特性。 3. 选择 U/f 控制曲线时常用的操作方法 (1)将拖动系统连接好,带以最重的负载。 (2)根据所带的负载的性质,选择一个较小的 U/f 曲线,在低速时观察电动机的运行情况,如果此时电动机的带负载能力达不到要求,需将 U/f 曲线提高一挡。以此类推,直到电动机在低速时的带负载能力达到拖动系统的要求。 (3)如果负载经常变化,在步骤(2)中选择的 U/f 曲线,还需要在轻载和空载状态下进行检验。具体方法是:将拖动系统带以最轻的负载或空载,在低速下运行,观察定子电流 I_1 的大小,如果 I_1 过大,或者变频器跳闸,说明原来选择的 U/f 曲线过大,补偿过分,需要适当调低 U/f 曲线。 三、变频器的频率参数及功能预置 1. 给定频率和输出频率 (1)给定频率。即用户根据生产工艺的需求希望变频器输出的频率。给定频率是与给定信号相对应的频率。例如,给定频率为 50 Hz,其调节方法常有两种:一种是用变频器的面板来输入频率的数字量 50;另一种是从控制接线端上以外部给定(电压或电流)信号进行调节,最常见的形式就是通过外接电位器来完成。 (2)输出频率。即变频器实际输出的频率。当电动机所带的负载变化时,为使拖动系统稳定,此时变频器的输出频率会根据系统情况不断地被调整。因此,输出频率是在给定频率附近经常变化的。从另一个角度来说,变频器的输出频率就是整个拖动系统的运行频率。 2. 基频及基频电压 (1)基频(P2000)。即基本频率 f_b,一般情况下以电动机的额定频率 f_N 作为 f_b 的给定值。 (2)基频电压。指输出频率到达基频时,变频器的输出电压,通常取电动机的额定电压。 3. 上、下限频率 f_H、f_L 上、下限频率是指变频器输出的最高、最低频率,可用于电动机速度上限、下限的钳位。用操作面板(参数单元)设定输出上限(下限)频率。根据拖动系统所带的负载不同,有时要对电动机的最高、最低转速给予限制,以保证拖动系统的安全和产品的质量。常用的方法就是给变频器的上、下限频率赋值。一般的变频器均可通过参数来预置其上、下限频率。当变频器的给定频率高于上限频率 f_H,或者是低于下限频率 f_L 时,变频器的输出频率将被限制在 f_H 或 f_L 上。例如,预置 $f_H=60$ Hz,$f_L=10$ Hz。 若给定频率为 50 Hz 或 20 Hz,则输出频率与给定频率一致。若给定频率为 70 Hz 或 5 Hz,则输出频率被限制在 60 Hz 或 10 Hz。	

相关知识	笔记栏
4. 载波频率(PWM 频率) 载波频率越高,一个周期内脉冲的个数越多,也就是说,脉冲的频率越高,电流波形的平滑性就越好,但是对其他设备的干扰也越大。载波频率如果预置不合适,还会引起电动机铁芯的振动而发出噪声,因此一般的变频器都提供了 PWM 频率调整的功能,使用户根据电动机的额定值在一定的范围内可以调节该频率,调整变频器的输出,从而使得系统的噪声最小,波形平滑性最好,同时干扰也最小。 **5. 跳跃频率** 跳跃频率也叫回避频率,是指不允许变频器连续输出的频率,常用 f_j 表示。当电动机调到某一转速(变频器输出某一频率)时,机械振动的频率和它的固有频率一致时就会发生谐振,此时对机械设备的损害是非常大的。为了避免机械谐振的发生,应当让拖动系统跳过谐振所对应的转速,变频器的输出频率就要跳过谐振转速所对应的频率。 跳转频率的频带宽度(由 P1101 表示)单位为 Hz,如图 4-3-9 所示。 在被抑制的频率范围内,变频器不可能稳定地运行;运行时变频器将越过这一频率范围(在斜坡函数曲线上)。例如,如果 P1091 = 10 Hz,并且 P1101 = 2 Hz,变频器在 10 Hz±2 Hz 范围内不可能连续稳定运行,而是跳越过去。 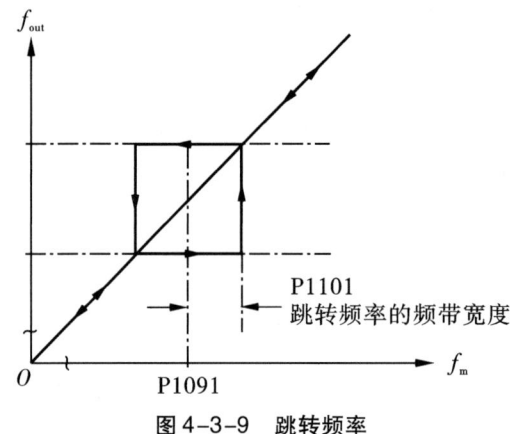 图 4-3-9 跳转频率 **6. 启动频率 f_s** 启动频率是指电动机开始启动时的频率。这个频率可以从 0 开始,但是对于惯性较大或摩擦转矩较大的负载,需加大启动转矩。此时启动电流也较大。一般变频器都可以预置启动频率,一旦预置该频率,变频器对小于启动频率的运行频率将不予理睬。给定启动频率的原则是:在启动电流不超过允许值的前提下,以拖动系统能够顺利启动为宜。 **7. 点动频率** 点动频率是指变频器在点动时的给定频率。生产机械在调试以及每次新的加工过程开始前常需进行点动,以观察整个拖动系统各部分的运转是否良好。为防止意外,大多数点动运转的频率都较低。其参数设定如表 4-3-1 所示。	

相关知识

表 4-3-1 频率参数设定值

参数号	参数名称	Defaut	Level	DS	QC
P1080	最小频率	0.00	1	CUT	Q
P1082	最大频率	50.00	1	CUT	Q
P1091	跳转频率 1	0.00	3	CUT	Q
P1092	跳转频率 2	0.00	3	CUT	Q
P1093	跳转频率 3	0.00	3	CUT	Q
P1094	跳转频率 4	0.00	3	CUT	Q
P1101	跳转频率的带宽	2.0	3	CUT	Q
P1058	正向点动频率	5.0	2	CUT	—
P1059	反向点动频率	5.0	2	CUT	—
P1060[1]	点动的斜波上升时间	10	2	CUT	—
P1061[1]	点动的斜波下降时间	10	2	CUT	—

四、运行模式的选择

1. 命令源

(1) 面板操作(P0700=1)。

(2) 外部端子操作(P0700=2)。

(3) 通信控制或上位机给定(P0700=5)。通信控制的给定信号来自变频器的控制机(上位机),如 PLC、单片机、PC 机等。

选择运行模式大多采用功能预置的方法,数字输入的功能分配如表 4-3-2 所示。

表 4-3-2 数字输入的功能分配

数字输入	端子	参数	功能	激活
命令信号源	—	P0700=2	端子板	是
数字输入 1	5	P0701=1	ON/OFF1 命令	是
数字输入 2	6	P0702=12	反向	是
数字输入 3	7	P0703=9	故障确认	是
数字输入 4	通过 ADC	P0704=0	禁止数字输入	否

2. 给定频率(频率设定值)(频率设定功能码 P1000)

给定信号是指在变频器中,通过输入端子调节频率大小的指令信号。

外接给定是指变频器通过信号输入端从外部得到频率的给定信号。

(1) 数字量给定方式。频率给定信号为数字量,频率精度高。

1) 面板给定(P1000=1)。即通过面板上的"升键"和降键(△键或▽键)来控制频率的升、降。

2) 接口给定(P1000=5)。由上位微机或 PLC 通过接口进行给定。

相关知识	笔记栏
3）固定频率设定（P1000 = 3）。由 DIN1、DIN2、DIN3 以不同的组合方式来选择频率。 （2）模拟量给定方式（P1000 = 2） 1）频率给定信号为模拟量。即电压信号、电流信号。此时变频器输出频率的精度略低。 2）电位器给定。给定信号为电压信号，信号电源通常由变频器内部的直流电源（5 V 或 10 V）提供，频率给定信号由电位器的滑动触点上得到。 3）直接电压（或电流）给定。由外部仪器设备直接向变频器的给定端输出电压或电流信号。 五、MM420 变频器的参数设置 1. MICROMASTER 系统参数简介 （1）只读参数用 r xxxx 表示，Pxxxx 表示设置的参数。 （2）变频器的参数有 4 个用户访问级，即标准访问级、扩展访问级、专家访问级和维修级。访问的等级由参数 P0003 来选择。对于大多数应用对象，只要访问标准级（P0003 = 1）和扩展级（P0003 = 2）参数就足够了。 1 标准级参数：可以访问最经常使用的一些参数。 2 扩展级参数：允许扩展访问参数的范围，例如变频器的 I/O 功能。 3 专家级参数：只供专家使用。 4 维修级参数：只供授权的维修人员使用（具有密码保护）。 （3）P0004 的作用是过滤参数，据此可以按功能的要求筛选（过滤）出与该功能有关的参数，这样可以更方便地进行调试。 举例：P0004 = 22 选定的功能是只能看到 PID 参数。可能的设定值有：0（全部参数）、2（变频器参数）、3（电动机参数）、7（命令，二进制 I/O）、8（模－数转换和数－模转换）、10（设定值通道/斜坡函数发生器）、12（驱动装置的特征）、13（电动机的控制）、20（通信）、21（报警/警告/监控）、22（工艺参量控制器，例如 PID）。 2. 用 BOP 或 AOP 进行的基本操作 （1）前提条件：机械和电气安装已经完成。（提示：设置电动机的频率。DIP 开关 2，Off = 50 Hz、ON = 60 Hz；快速调试 P0010 = 1） （2）先决条件：P0010 = 0（为了正确地进行运行命令的初始化），P0700 = 1（使能 BOP 操作板上的启动/停止按钮），P1000 = 1（使能电动电位计的设定值）。 3. 参数设置步骤 （1）将变频器复位为工厂的缺省设定值。应按照下面的数值设定参数（用 BOP，AOP 或必要的通信选件）：①设定 P0010 = 30；②设定 P0970 = 1。 （2）参数设置 1）设定 P0003 = 2，允许访问扩展参数。 2）设定电动机参数时先设定 P0010 = 1（快速调试）。 3）设定电动机参数。 （3）电动机参数设置完成后，设定 P0010 = 0（准备）。注意：为了使电动机开始运行，必须将 P0010 返回"0"值。	

相关知识	笔记栏

4. 用于参数化的电动机铭牌数据(图4-3-10)。

提示:除非 P0010=1,否则,不能更改电动机参数。

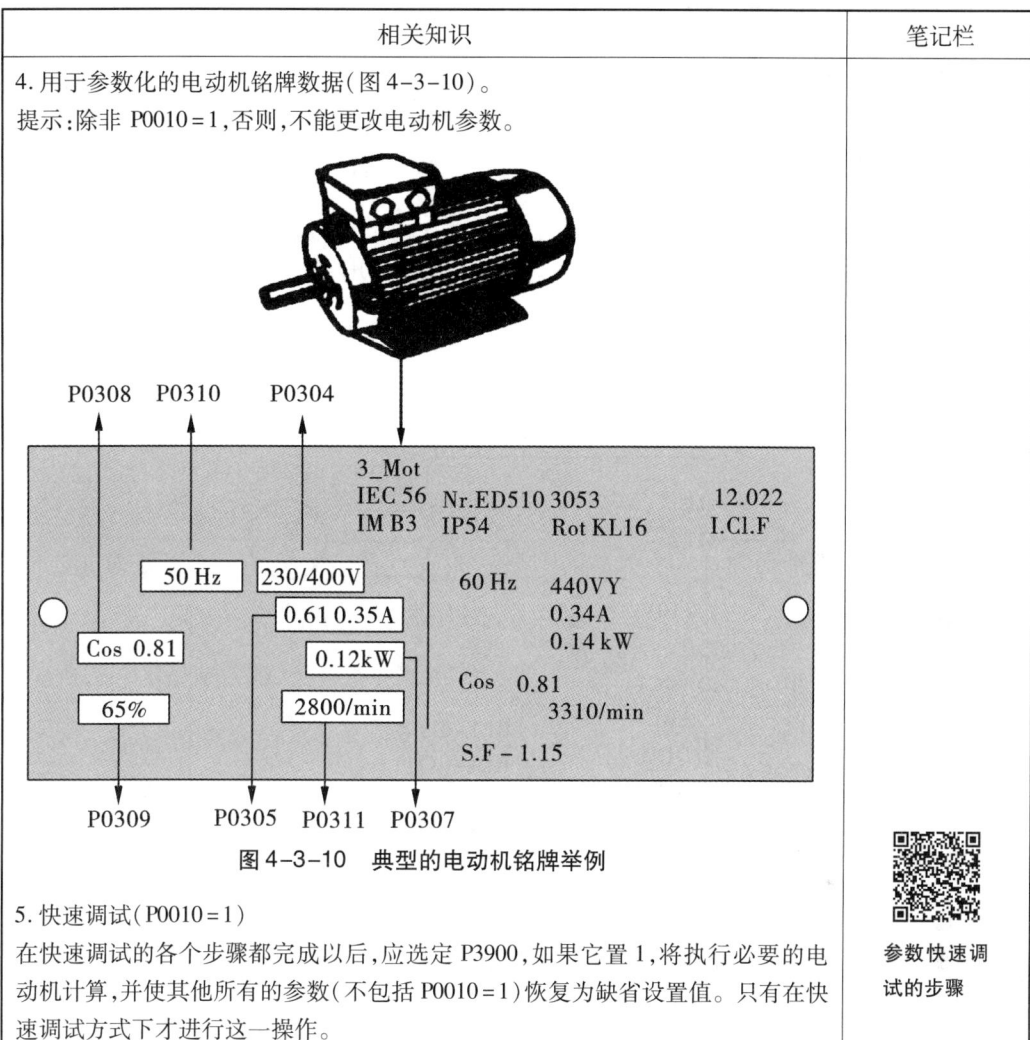

图 4-3-10　典型的电动机铭牌举例

5. 快速调试(P0010=1)

在快速调试的各个步骤都完成以后,应选定 P3900,如果它置 1,将执行必要的电动机计算,并使其他所有的参数(不包括 P0010=1)恢复为缺省设置值。只有在快速调试方式下才进行这一操作。

参数快速调试的步骤

实操任务布置	笔记栏
面板控制电动机的启停及正反转 1. 任务要求： (1)正确连接主电路，并画出主电路接线原理图。 (2)用操作面板改变变频器参数。 (3)正确设置变频器输出的额定频率、额定电压、额定电流、额定功率、额定转速。 (4)用面板实现电动机的启停控制和正/反转控制,并用面板上的升降键改变输出频率。 (5)用不同的方式使电动机停转。 2. 用面板控制电动机的启停及正/反转 (1)按图4-3-11所示的要求连接主电路。	 面板控制电动机启停与正反转

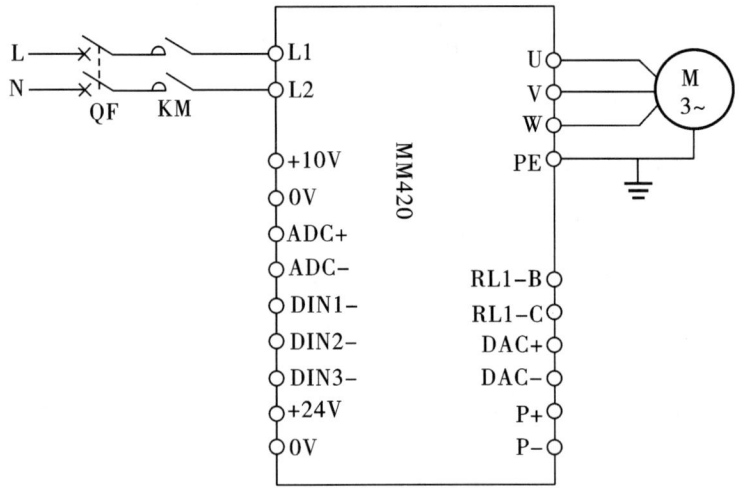

图4-3-11 主电路连接

(2)仔细检查无误后,接通变频器电源。
(3)设置变频器参数。
1)设置参数前先将变频器参数复位为工厂的默认设定值。设定P0010=30、P0970=1,然后停电3 min(完成复位过程至少要3 min)。
2)设定P0003=2,允许访问扩展参数。
3)设定电动机参数时先设定P0010=1(快速调试)。
4)设定电动机参数如表4-3-3所示。

表4-3-3 电动机参数设定

序号	变频器参数	出厂值	设定值	功能说明
1	P0304	230	380	电动机的额定电压(380 V)
2	P0305	3.25	0.3	电动机的额定电流(0.3 A)
3	P0307	0.75	0.1	电动机的额定功率(100 W)
4	P0310	50.00	50	电动机的额定频率(50 Hz)

实操任务布置					笔记栏
续表 4-3-3					
序号	变频器参数	出厂值	设定值	功能说明	
5	P0311	0	1420	电动机的额定转速(1420 r/min)	
6	P1000	2	1	固定频率设定	
7	P1080	0	10	电动机的最小频率(0 Hz)	
8	P1082	50	50	电动机的最大频率(50 Hz)	
9	P1120	10	10	斜坡上升时间(10 s)	
10	P1121	10	10	斜坡下降时间(10 s)	
11	P0700	2	1	选择命令源(由端子排输入)	

5)电动机参数设置完成后,设定 P0010=0(准备启动)。
(4)用面板控制电动机的启停和正/反转。
(5)用面板上的升降键改变变频器的输出频率。
3.注意事项
(1)参数设置完成后,一定要使 P0010=0,方可启动。
(2)P0700=1 时才能用面板上的启动键进行启动。
(3)P1000=1 时才能用面板上的上升键、下降键改变输出频率。

项目五　变频器外部端子调速控制

任务一　外部端子控制电动机的启停与反转

任务实施人员信息					
姓名		学号		专业班级	
隶属组		组长		伙伴成员	
任务简介					
任务名称	外部端子控制电动机的启停与反转		课时规划		2
项目名称	项目五　变频器外部端子调速控制		所属课程		变频器应用技术
考核点	加减速曲线、参数设置				
任务内容介绍	任务描述： 如果采用变频器输入前端的接触器进行变频器的频繁启停控制，将会影响变频器的寿命。在频繁启停的应用场合，采用控制端子运行方式比较好。该任务要求用外接开关经 DIN1 来控制电动机的启停，用外接开关经 DIN2 来控制电动机的反转。 任务分析： 外部端子控制关系到命令源的选择，P0700 = 2；同时还要激活 DIN1 数字量输入端的 ON/OFF 命令功能，P0701 = 1；DIN2 数字量输入端的反向功能，P0702 = 12。 任务要求： (1) 正确连接主电路及控制电路。 (2) 正确选择与设置参数。用面板给定方式来控制变频器的输出频率，通过外部端子控制电动机启停和反转 (3) 边操作边讲解进行任务展示，2 人一个小组，成员协作完成。				
任务目标	知识目标： 1. 熟悉避免电磁干扰（EMI）的方法。 2 了解变频器控制回路的配线。 能力目标： 能够正确选择并设置参数，由外部端子控制电动机的启停和反转。 素养目标： 1. 团队协作。2. 绿色节能。3. 工程实践。				

	任务资讯(准备)（20分）	笔记栏
知识准备	1. 模拟量控制线的布线要注意哪些问题？（3分） 2. 变频器的加/减速曲线（模式）有哪几种？（3分） 3. 通过哪些参数来设置变频器的加减速时间及加减速曲线？（4分）	
实训器具准备	1. 实训设备。（4分） 2. 工具。（2分） 3. 仪器仪表。（2分）	
场地准备	写出准备内容。（2分）	

任务设计、实施与汇报(80分)		笔记栏
任务设计 (10分)	设计通过外部端子控制电动机启动、停止和反转,用面板给定方式来控制输出频率时的变频器参数,并画出接线图。(10分)	
任务实施与汇报 (60分)	任务实施步骤: 1. 团队组建与成员分工。(2分) 2. 进行主电路及控制电路接线。(5分) 3. 设置变频器参数(写出操作步骤) (1)将变频器复位为工厂的默认设定值。(2分) (2)允许访问扩展参数。(2分) (3)快速调试。(2分) (4)设定电动机参数。(22分) (5)准备启动。(2分) 4. 用外部端子控制电动机的启停和正/反转,并用面板进行调速。(2分) 5. 设置不同的加减速模式,观察输出频率的变化情况。(2分) 6. 任务展示汇报。(16分) 7. 场地清理。(3分) 注意事项: 1. 参数设置完成后,一定要把P0010=0,方可启动。 2. 完成P0700=2、P0701=1、P0702=12设置后才能用DIN1、DIN2进行启停与反转控制。 3. 注意团队协作、环境卫生和废料的环保处理。	
存在问题及解决办法 (10分)		

任务考评				
评分项	分值	作答及操作要求	评分标准	得分
任务资讯	20	问题回答清晰准确,能够紧扣主题,没有明显错误项	对照标准答案错误一项扣1分,扣完为止	
任务设计与实施	54	操作规范,万用表挡位选择适当、使用方法正确,废料处理符合环保要求	任务设计10分	
			组建团队及成员分工2分	
			进行主电路接线5分	
			设置变频器参数30分	
			用外部端子控制电动机的启停和正/反转,并用面板进行调速2分	
			设置不同的加减速模式,观察输出频率的变化情况2分	
			场地清理3分	
任务展示汇报	16	语言简练、思路清晰、操作规范、方法正确	语言表达不清扣2分,操作错误一处扣1~3分,扣完为止	
存在问题及解决办法	10	问题合理、解决方法正确合理	解决方法错误一处扣2分,扣完为止	
合计				

相关知识	笔记栏
在频繁启停的应用场合,采用控制端子运行方式比较好。如果采用接触器进行变频器的频繁启停控制,会影响变频器的寿命。 一、变频器控制端子的功能及布局 MM420 变频器原理框图如图 4-1-3 所示,其各控制端子功能如项目四的表 4-1-1 所示。启动和停止电动机用外接开关经 DIN1 进行控制;改变电动机的转动方向用外接开关经 DIN2 进行控制;故障复位用外接开关经 DIN3 进行控制。 输入频率设定值用外接电位计经 ADC 进行控制;输出频率实际值经 DAC 输出,DAC 的输出为电流输出;外接的电位计和外接开关可以由变频器内部电源供电。 二、变频器数字输入的功能 外部端子控制的参数设置见表 4-3-2。 1. P0700 参数 该参数用于选择命令源,被赋予不同的值表示不同的含义: 0 表示工厂的缺省设置;1 表示 BOP(键盘)设置;2 表示由端子排输入;4 表示通过 BOP 链路的 USS 设置;5 表示通过 COM 链路的 USS 设置;6 表示通过 COM 链路的通信板(CB)设置。 2. P0701~P0704 参数 数字输入引脚 DIN1、DIN2、DIN3、DIN4 的功能分别由 P0701、P0702、P0703、P0704 来定义,被赋予不同的值表示不同的含义:0 表示禁止数字输入;1 表示接通正转/停车命令 1;2 表示接通反转/停车命令 1;3 表示 OFF2(停车命令 2)——按惯性自由停车;4 表示 OFF3(停车命令 3)——按斜坡函数曲线快速降速停车;9 表示故障确认;10 表示正向点动;11 表示反向点动;12 表示反转;13 表示 MOP(电动电位计)升速(增加频率);14 表示 MOP 降速(减少频率);15 表示固定频率设定值(直接选择);16 表示固定频率设定值(直接选择 + ON 命令);17 表示固定频率设定值[二进制编码的十进制数(BCD 码)选择 + ON 命令];21 表示机旁/远程控制;25 表示直流注入制动;29 表示由外部信号触发跳闸;33 表示禁止附加频率设定值;99 表示使能 BICO 参数化,仅用于特殊用途。 3. 不同频率给定方式下的接线方式如图 5-1-1 所示。 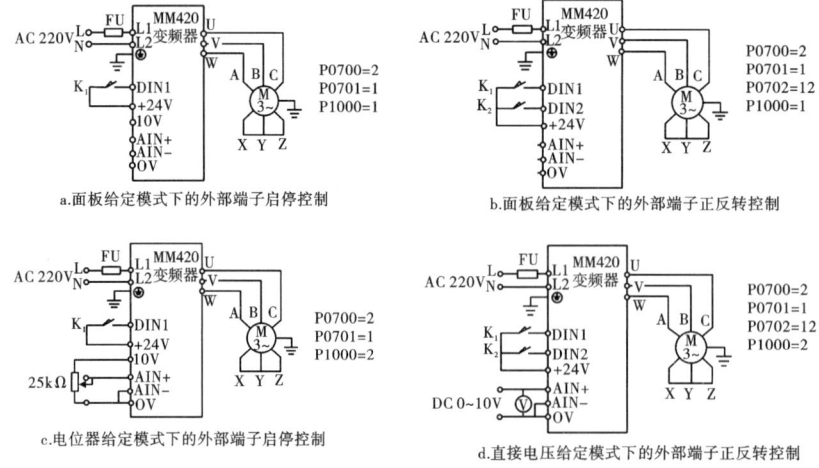 图 5-1-1 不同频率给定方式下的接线方式	

相关知识	笔记栏

二、MM420 变频器的电气控制回路配线

1. 模拟量控制线

模拟量控制线主要包括输入侧的频率给定信号线、输出侧的频率信号线和各种传感器的信号反馈线等。由于模拟量信号的抗干扰能力较差,因此必须采用屏蔽线,将电线穿在已接地的金属管内或利用带屏蔽的电线。屏蔽线在连接时,要按照图 5-1-2 所示的方法进行。屏蔽层靠近变频器一侧应接变频器控制电路的公共端(COM 端),注意不要接到变频器的接地端,而屏蔽层的另一端应悬空。

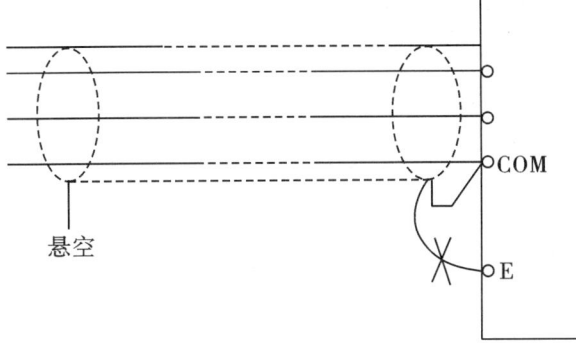

图 5-1-2 屏蔽线的接法

除了采用屏蔽线以外,对模拟信号的布线还要注意:①尽量远离主电路,至少在 100mm 以上;②尽量不和主电路交叉,如果要交叉,应采用垂直交叉的方式,如图 5-1-3b 所示。

2. 开关量控制线

开关量控制线主要包括正、反转启动,多挡速度控制等控制线。由于开关量信号抗干扰能力较强,在距离较近时,可以不使用屏蔽线,但同一信号的两根线必须绞在一起,两根线的绞扭宽度如图 5-1-3c 所示。开关量控制线的布线要领可参照模拟信号线。

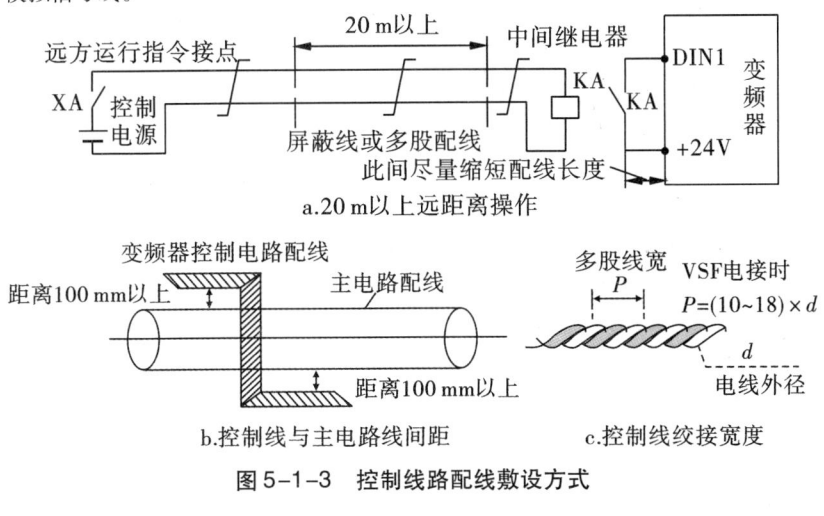

图 5-1-3 控制线路配线敷设方式

相关知识	笔记栏

当操作指令来自远方,需要控制线路较长时,如果直接用开关控制变频器,信号损失较大,可以采用中间电气控制,如图5-1-3a所示。即由 SA 控制中间继电器线圈 KA,再由 KA 的触点控制变频器得电。3. 加浪涌过电压吸收电路

由于接触器、继电器的线圈都具有较大的电感,在接通或断开的瞬间,电流的突变会产生很高的感生电动势,有可能导致变频器内部的触点或晶体管击穿,因此,当由变频器的输出端子直接控制接触器和继电器时,在线圈的两端必须接入浪涌电压吸收回路,如 RC 吸收电路(注意它的漏电流应小于所控接触器或继电器的保持电流)、压敏电阻或二极管(只能用于直流电磁回路,安装时一定要注意极性)等。交流电路常用阻容吸收,直流电路用反向二极管,吸收电路元件应装在继电器或接触器的线圈两端,如图 5-1-4 所示。应注意 RC 浪涌电压吸收电路的接线不能超过 20 cm。

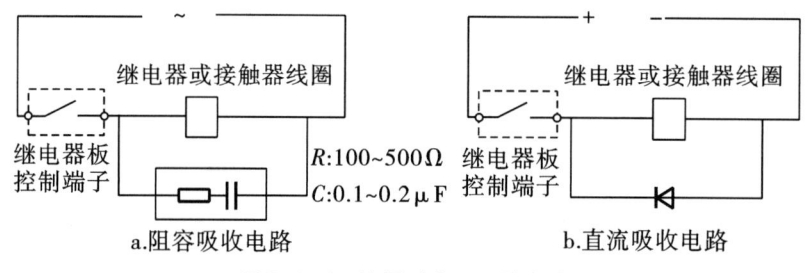

图 5-1-4　浪涌过电压吸收电路

4. 模拟频率设定

端子 AIN1、AIN2 是连接从外部输入模拟电压、电流、频率设定器(电位器)的端子,经由两者可设定模拟频率。

5. 控制回路电线的选择

(1)电线的种类。使用聚氯乙烯绝缘、聚氯乙烯护套屏蔽的多芯屏蔽电缆或绞合线连接控制端子。电缆屏蔽层的近端(靠变频器的一端)应连接到变频器的公共端子上。

(2)电线的粗细。控制电线导体的粗细由机械强度、规程要求、电压降及铺设费用等决定。推荐使用导体截面 1.25 mm^2 或 2 mm^2 的电线。一般选择 0.75 mm^2 及以下规格的屏蔽线或绞合在一起的聚氯乙烯线。

6. 铺设路线要求

(1)电磁感应干扰的大小与电线的长度成比例,因此要尽可能地以最短的路线铺设。

(2)与频率表接线端子连接的电线,其长度取 200 m 以下(电线的容许长度因机种不同而不同,可根据说明书等来确认)。铺设距离越长,频率表的指示误差越大。

(3)大容量变压器和电动机的漏磁对控制电线直接产生感应干扰,确定电线路线要避开这些设备铺设。

(4)布线时变频器的控制电线与主回路电线或其他电力电线(包括电源线、电动机线、继电器、接触器连接线等)需分开铺设,相隔距离取电气设备技术标准所确定的距离,并且不能与之并行放置(可采用垂直布线),避免由干扰造成的变频器误动作。

相关知识	笔记栏

三、避免电磁干扰的方法

(1) 确认机柜内的所有设备都已用短而粗的接地电缆可靠地连接到公共的星形接地点或公共的接地母线上。

(2) 确认与变频器连接的任何控制设备(如 PLC)也像变频器一样,用短而粗的接地电缆连接到同一个接地网或星形接地点。

(3) 由电动机返回的接地线直接连接到控制该电动机的变频器的接地端子(PE)上。

(4) 导电导体最好是扁平的,因为它们在高频时的阻抗较低。

(5) 截断电缆的端头应尽可能整齐,保证不带屏蔽的线段尽可能短。

(6) 控制电缆的布线应尽可能远离供电电源线,使用单独的走线槽;在必须与电源线交叉时,相互应采取 90°直角交叉。

(7) 无论何时,控制回路的连接线都应采用屏蔽电缆。

(8) 确认机柜内安装的接触器应是带阻尼的。也就是,在交流接触器的线圈上连接有 RC 阻尼回路;在直流接触器的线圈上连接有"续流"二极管。安装压敏电阻对抑制过电压也是有效的。

(9) 接到电动机的连接线应采用屏蔽的或带有铠甲的电缆,并用电缆接线卡子将屏蔽层的两端接地。

四、变频器的加/减速曲线(模式)

1. 加/减速曲线

不同的生产机械对加、减速过程的要求是不同的。变频器根据各种负载的不同要求,给出了各种不同的加、减速曲线(模式)供用户选择。常见的曲线有线性方式、S 形方式和半 S 形方式等。

(1) 线性方式。在加速过程中,频率与时间成线性关系,一般负载大都选用线性方式,如图 5-1-5a 所示。

(2) S 形方式。初始阶段加速较缓慢,中间阶段为线性加速,尾段加速度又逐渐减为零,如图 5-1-5b、c 所示。这种曲线适用于带式输送机一类的负载。这类负载往往满载启动,传送带上的物体静摩擦力较小,刚启动时加速较慢,以防止输送带上的物体滑倒,到尾段加速度减慢也是这个原因。

(3) 半 S 形方式。加速时一半为 S 形方式,另一半为线性方式,如图 5-1-5d 所示。对于风机和泵类负载,低速时负载较轻,加速过程可以快一些,随着转速的升高,其阻转矩迅速增加,加速过程应适当减慢,反映在图上,就是加速的前半段为线性方式,后半段为 S 形方式。而对于一些惯性较大的负载,加速初期加速过程较慢,到加速的后半段可适当提高其加速过程,反映在图上,就是加速的前半段为 S 形方式,后半段为线性方式。

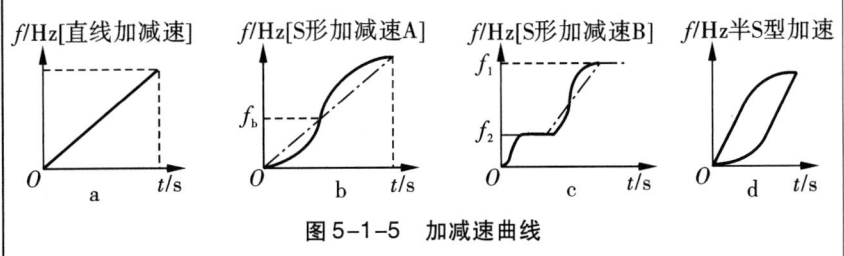

图 5-1-5 加减速曲线

| 相关知识 | 笔记栏 |

2.加、减速时间

(1)加速时间。加速时间是指工作频率从 0 Hz 上升至最高频率 f_H 所需要的时间,如图 5-1-6 所示。

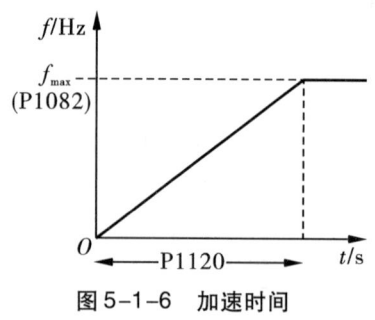

图 5-1-6　加速时间

各种变频器都提供了在一定范围内可任意给定加速时间的功能。用户可根据拖动系统的情况自行给定一个加速时间。加速时间越长,启动电流就越小,启动也越平缓,但延长了拖动系统的过渡过程。对于某些频繁启动的机械来说,将会降低生产效率。因此,给定加速时间的基本原则是在电动机的启动电流不超过允许值的前提下,尽量缩短加速时间。由于影响加速过程的因素是拖动系统的惯性,故系统的惯性越大加速越难,加速时间也应该长一些。但在具体的操作过程中,由于计算非常复杂,可以将加速时间设得长一些,观察启动电流的大小,然后慢慢缩短加速时间。

(2)减速时间。减速时间是指变频器的输出频率从最高频率 f_{max} 减至 0 Hz(斜坡函数曲线不带平滑圆弧)时所需的时间,如图 5-1-7 所示。变频调速时,减速是通过逐步降低给定频率来实现的。由于在频率下降的过程中,电动机将处于再生制动状态,如果拖动系统的惯性较大,频率下降又很快,电动机将处于强烈的再生制动状态,从而产生过电流和过电压,使变频器跳闸。

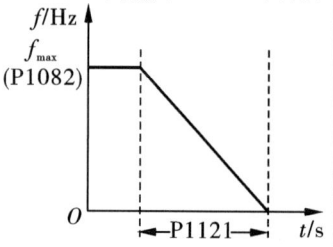

图 5-1-7　减速时间示意图

减速时间的给定方法同加速时间一样,主要考虑系统的惯性。惯性越大,减速时间也越长。慢慢地加、减速时设定为较大值,快速加、减速时设定为较小值,如图5-1-8所示,其参数设定如表 5-1-3 所示,参数设定过程图如图5-1-9 所示。

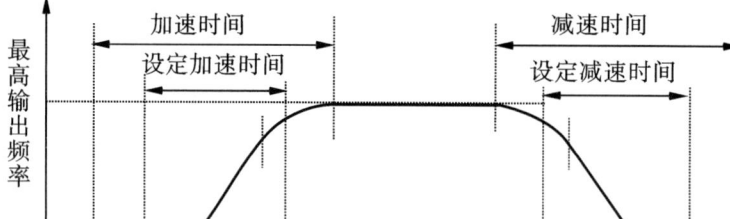

a.加减速时间

相关知识

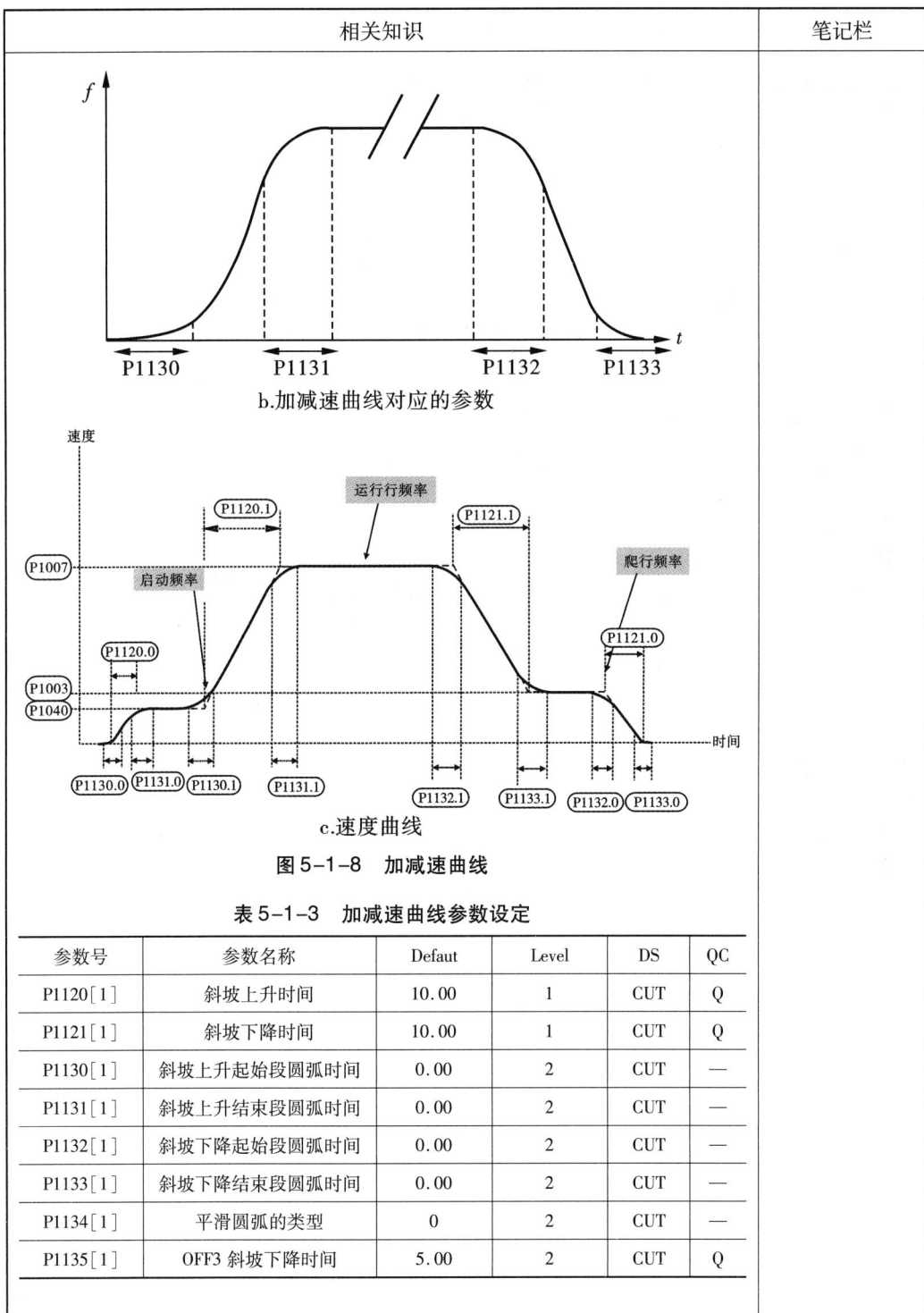

b. 加减速曲线对应的参数

c. 速度曲线

图 5-1-8　加减速曲线

表 5-1-3　加减速曲线参数设定

参数号	参数名称	Defaut	Level	DS	QC
P1120[1]	斜坡上升时间	10.00	1	CUT	Q
P1121[1]	斜坡下降时间	10.00	1	CUT	Q
P1130[1]	斜坡上升起始段圆弧时间	0.00	2	CUT	—
P1131[1]	斜坡上升结束段圆弧时间	0.00	2	CUT	—
P1132[1]	斜坡下降起始段圆弧时间	0.00	2	CUT	—
P1133[1]	斜坡下降结束段圆弧时间	0.00	2	CUT	—
P1134[1]	平滑圆弧的类型	0	2	CUT	—
P1135[1]	OFF3 斜坡下降时间	5.00	2	CUT	Q

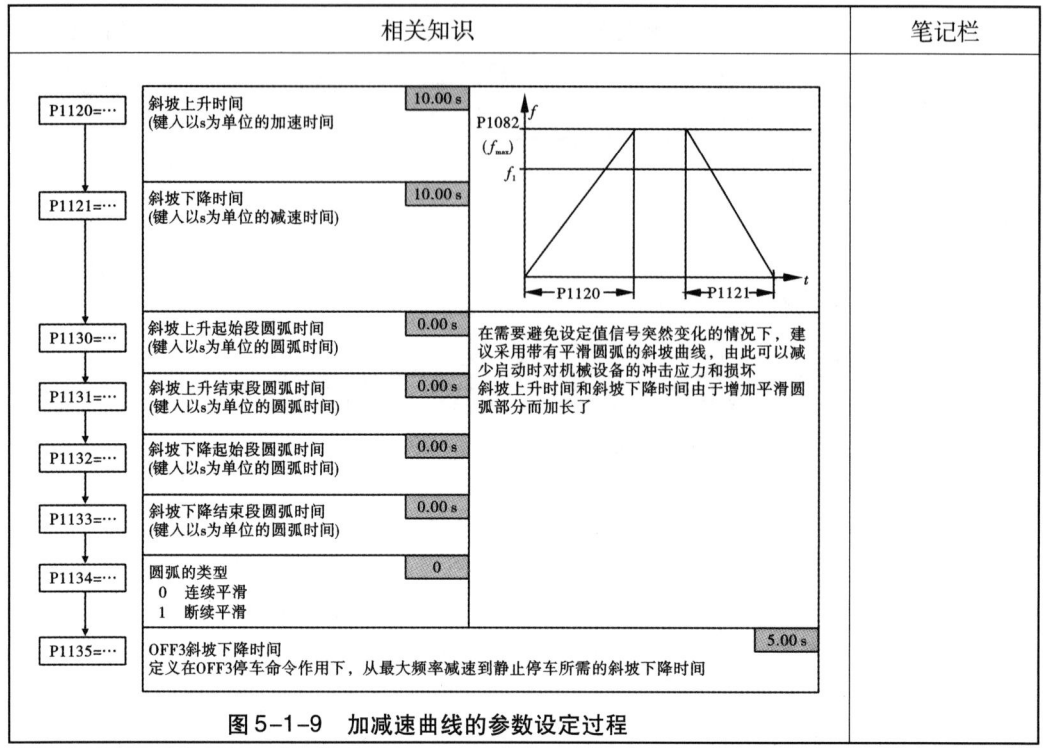

图 5-1-9 加减速曲线的参数设定过程

实操任务布置	笔记栏
外部端子控制电动机启停与反转 1. 按图5-1-10所示的要求连接电路。 2. 仔细检查无误后,接通变频器电源。 3. 设置变频器参数。 (1)设置参数前先将变频器参数复位为工厂的默认设定值 设定P0010=30,P0970=1,然后停电3 min(完成复位过程至少要3 min)。 (2)设定P0003=2,允许访问扩展参数。 (3)设定电动机参数时先设定P0010=1(快速调试)。 (4)设定电动机参数如表5-1-4所列。 (5)电动机参数设置完成后,设定P0010=0(准备)。 4. 用外部端子控制电动机的启停和正/反转。 5. 用面板进行调速。 6. 设置不同的加减速模式,观察输出频率的变化情况	 外部端子控制电动机启停与反转

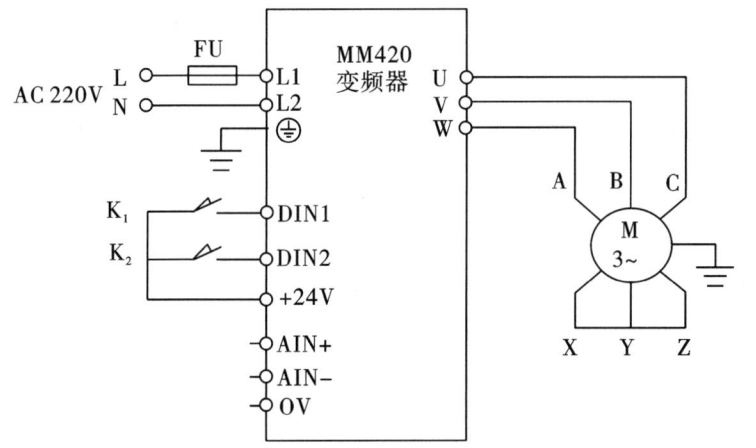

图5-1-10 直接电压(或电流)给定方式

表5-1-4 电动机参数设定

序号	变频器参数	出厂值	设定值	功能说明
1	P0304	230	380	电动机的额定电压(380 V)
2	P0305	3.25	0.3	电动机的额定电流(0.3 A)
3	P0307	0.75	0.1	电动机的额定功率(100 W)
4	P0310	50.00	50.00	电动机的额定频率(50 Hz)
5	P0311	0	1420	电动机的额定转速(1420 r/min)
6	P1000	2	1	面板输入
7	P0700	2	2	选择命令源(由端子排输入)
8	P0701	1	1	ON/OFF(接通正转/停车命令1)
9	P0702	12	12	接通反转命令

7. 注意事项
(1)参数设置完成后,一定要把P0010=0,方可启动。
(2)P0700=1才能用面板上的启动键进行启动。
(3)P1000=1才能用面板上的上升键、下降键改变输出频率。

任务二 变频器模拟量调速控制

任务实施人员信息				
姓名		学号	专业班级	
隶属组		组长	伙伴成员	
任务简介				
任务名称	变频器模拟量调速控制		课时规划	2
项目名称	变频器外部端子调速控制		所属课程	变频器应用技术
考核点	频率给定线			
任务内容介绍	任务描述： 在频繁启停的应用场合，采用变频器外部端子控制启停、模拟量调速，可以实现远距离控制与调速。生产中很多场合需要依据某一个模拟量的变化来调节变频器的输出频率，比如变频恒压供水系统（图5-2-1），根据用水量的多少，需要依据供水压力的变化来调节变频器的输出频率，这就是模拟量调速。该任务要求用外接开关经 DIN1 来控制电动机的启停，用外接 0～10 V 电压来控制变频器的输出频率，从而实现模拟量调速。 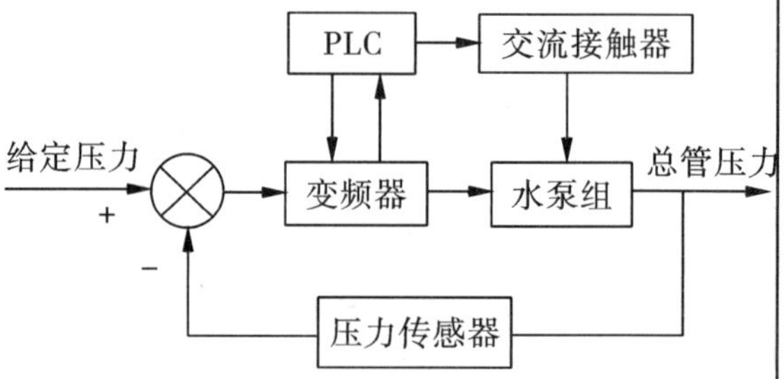 任务分析： 外部端子控制模拟量调速关系到命令源和频率给定信号源的选择，这里 P0700＝2；同时，还要激活 DIN1 数字量输入端的 ON/OFF 命令功能，P0701＝1；频率设定功能码 P1000＝2。 任务要求： (1)正确连接主电路及控制电路,正确设置变频器参数。 (2)通过外部端子控制电动机启动、停止;通过调节输入电压来控制变频器的频率。 (3)边操作边讲解进行任务展示,2 人一个小组,成员协作完成。			
任务目标	知识目标： 1.掌握频率给定线的概念及预置方法。 2.熟悉变频器最大频率、最大给定频率、频率上限的区别。 能力目标： 能够正确选择并设置参数,外部端子控制模拟量调速。 素养目标： 1.分析问题　2.工程实践　3.绿色节能			

图 5-2-1　变频恒压供水系统框图

	任务资讯(准备)（20分）	笔记栏
知识准备	1. 给定信号 ADC 值为 0~10 V（相应于-50~+50 Hz），带有中心为"0"且有 0.2 V 宽度的"支撑点"（死区）。如何设置频率给定线？（6分） 2. 假设给定信号为 0~10 V 的电压信号，最大频率为 50 Hz，最大给定频率为 52 Hz，上限频率为 40 Hz。则变频器实际输出的最大频率为多少？（4分）	
实训器具准备	1. 实训设备。（4分） 2. 工具。（2分） 3. 仪器仪表。（2分）	
场地准备	写出准备内容。（2分）	

任务设计、实施与汇报(80分)		笔记栏
任务设计 (10分)	设计通过外部端子控制电动机启动/停止,用模拟量给定方式来控制输出频率时的变频器参数,并画出接线图。(10分)	
任务实施与汇报 (60分)	写出任务实施步骤。(40分) 边操作边讲解任务实施情况。(20分) 注意事项: 1. 参数设置完成后,一定要把 P0010=0,方可启动。 2. P0700=2、P0701=1、P1000=2 才能用 DIN1 进行启停、模拟量调速。 3. 注意频率给定线的预置、环境卫生和废料的环保处理。	
存在问题及解决办法 (10分)		

任务考评				
评分项	分值	作答及操作要求	评分标准	得分
任务资讯	20	问题回答清晰准确,能够紧扣主题,没有明显错误项	对照标准答案错误一项扣1分,扣完为止	
任务设计与实施	50	操作规范,万用表挡位选择适当、使用方法正确,废料处理符合环保要求	任务设计10分	
			组建团队及成员分工2分	
			进行主电路接线5分	
			设置变频器参数20分	
			用外部端子控制电动机的启停,模拟量调速5分	
			正确设置频率给定线5分	
			场地清理3分	
任务展示汇报	20	语言简练、思路清晰、操作规范、方法正确	语言表达不清扣2分,操作错误一处扣1~3分,扣完为止	
存在问题及解决办法	10	问题合理、解决方法正确合理	解决方法错误一处扣2分,扣完为止	
合计				

相关知识	笔记栏
一、频率给定信号的种类 所谓外接给定,就是变频器通过信号输入端从外部得到频率的给定信号。在 MM420 变频器中,频率设定功能码为 P1000。 1. 数字量给定方式:频率给定信号为数字量,这种给定方式的频率精度很高,可达到给定频率的 0.01% 以内。具体的给定方式有以下 3 种。 (1)面板给定(P1000=1)。通过面板上的"升键"和"降键"(△键或▽键)来控制频率的升、降。 (2)接口给定(P1000=5):由上位微机或 PLC 通过接口进行给定。 (3)固定频率设定(P1000=3)。 由 DIN1、DIN2、DIN3 以不同的组合方式来选择频率。 2. 模拟量给定方式(P1000=2) 即频率给定信号为模拟量,主要有电压信号、电流信号。变频器输出频率的精度略低,约在最大频率的±0.2% 以内。 直接电压(或电流)给定是指由外部仪器设备直接向变频器的给定端输出电压或电流信号。 二、频率给定线及其预置 1. 频率给定线的概念 (1)频率给定线的定义。由模拟量进行外接频率给定时,变频器的给定频率 f 与给定信号 x 之间的关系曲线,称为频率给定线。给定信号 x,既可以是电压信号 U_G,也可以是电流信号 I_G。 (2)基本频率给定线。在给定信号 x 从 0 增大至最大值 x_{max} 的过程中,给定频率 f 线性地从 0 增大到 f_{max} 的频率给定线称为基本频率给定线。其起点为($x=0,f=0$),终点为($x=x_{max},f=f_{max}$),如图 5-2-2 中的曲线①所示。 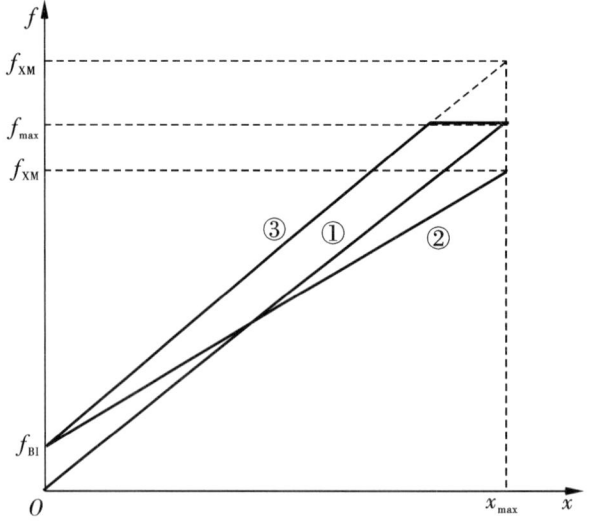 图 5-2-2 频率给定线	

相关知识	笔记栏

2. 频率给定线的预置

频率给定线的起点和终点坐标可以根据拖动系统的需要任意预置。基本方法是：

(1) 起点坐标$(x=0, f_x=f_{BI})$。f_{BI}为给定信号$x=0$时所对应的给定频率，称为偏置频率。

(2) 终点坐标$(x=x_{max}, f_x=f_{XM})$。最大给定频率f_{XM}是指给定信号$x=x_{max}$时对应的给定频率。

预置时，偏置频率f_{BI}是直接设定的频率值；而最大给定频率f_{XM}常常是通过预置"频率增益"$G\%$来设定的。

$G\%$是指f_{XM}与最大频率f_{max}之比的百分数，即$G\%=(f_{XM}/f_{max})\times100\%$。如$G\%>100\%$，则$f_{XM}>f_{max}$，这时的$f_{XM}$为假想值，其中$f_{XM}>f_{max}$的部分，变频器的实际输出频率等于$f_{max}$。预置后的频率给定线如图5-2-2中的曲线②（$G\%<100\%$）与曲线③（$G\%>100\%$）所示。

3. 频率给定线预置的参数设置

频率给定线预置时的参数设置如图5-2-3所示，其中起点坐标为（P0757，P0758），终点坐标为（P0759，P0760）。P0761为模拟输入ADC死区的宽度。其中，"模拟设定值"是标称化后以[%]值表示的基准频率（P2000），模拟设定值可能大于100%。ASPmax表示最大的模拟设定值（它可以是10 V）。ASPmin表示最小的模拟设定值（它可以是0 V）。缺省值是0 V = 0%和10 V = 100%的标定值。

提示：ADC标定的x_2值P0759必须大于ADC标定的x_1值P0757。

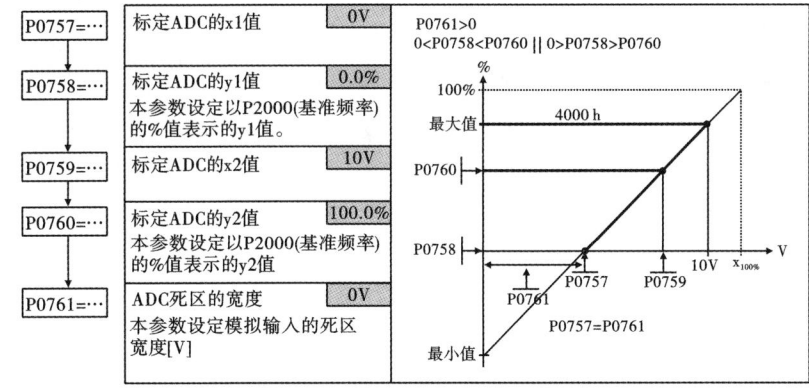

图5-2-3　频率给定线预置的参数设置

三、最大频率、最大给定频率与上限频率的区别

最大频率f_{max}和最大给定频率f_{XM}都与最大给定信号x_{max}相对应，但最大频率f_{max}通常是根据基准情况决定的，而最大给定频率f_{XM}常常是根据实际情况进行修正的结果。$f_{XM}<f_{max}$时，变频器能够输出的最大频率由f_{XM}决定，x_{max}与f_{XM}对应；$f_{XM}>f_{max}$时，变频器能够输出的最大频率由f_{max}决定。

相关知识	笔记栏

上限频率 f_H 是根据生产需要预置的最大运行频率,它并不和某个确定的给定信号 x 相对应。$f_H < f_{max}$ 时,变频器能够输出的最大频率由 f_H 决定,f_H 并不与 x 对应;$f_H > f_{max}$ 时,变频器能够输出的最大频率由 f_{max} 决定。

见图 5-2-4,假设给定信号为 0~10 V 的电压信号,最大频率为 $f_{max} = 50$ Hz,最大给定频率为 $f_{XM} = 52$ Hz,上限频率为 $f_H = 40$ Hz,则

(1) 频率给定线的起点为 (0,0),终点为 (10,52)。

(2) 在频率较小 (<40 Hz) 的情况下,频率 f_x 与给定信号 x 之间的对应关系由频率给定线决定。如 $x = 5$ V,则 $f_x = 26$ Hz。

(3) 变频器实际输出的最大频率为 40 Hz。在这里,与上限频率 (40 Hz) 对应的给定信号 x_H 为多大并不重要。

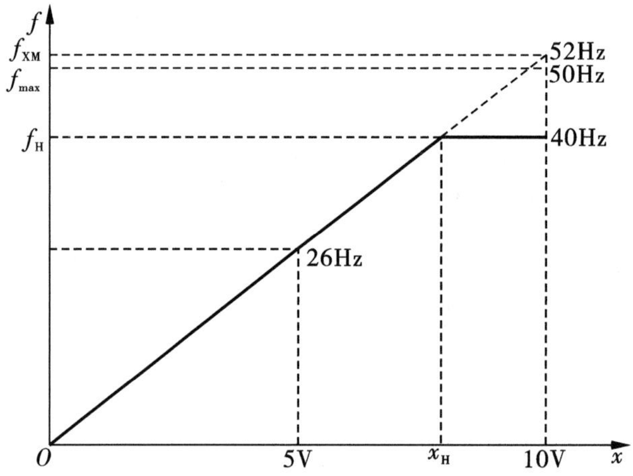

图 5-2-4　f_H、f_{max}、f_{xm} 之间的关系

实操任务布置	笔记栏
外部 0~10 V 模拟量调速 1.任务要求 (1)正确设置变频器输出的额定频率、额定电压、额定电流、额定功率和额定转速。 (2)通过外部端子控制电动机启动/停止。 (3)通过调节输入电压来控制变频器的频率。 2.任务实施步骤 (1)检查实训设备中器材是否齐全。 (2)按照如图 5-2-5 所示的变频器外部接线图完成变频器的接线。 (3)仔细检查无误后,接通变频器电源。 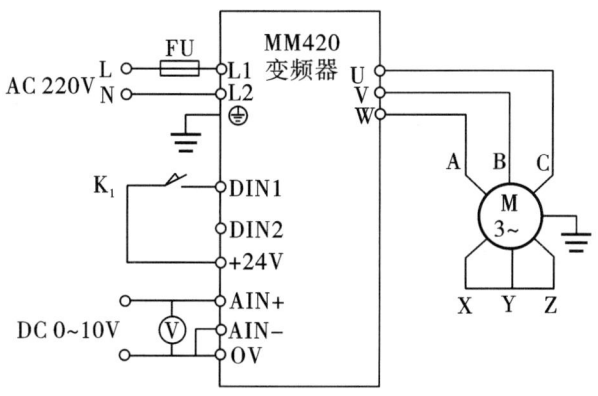 图 5-2-5 直接电压(或电流)给定方式 3.设置变频器参数 (1)设置参数前先将变频器参数复位为工厂的默认设定值。设定 P0010=30,设定 P0970=1,然后停电 3min(完成复位过程至少要 3min)。 (2)设定 P0003=2,允许访问扩展参数。 (3)设定变频器参数时先设定 P0010=1(快速调试)。 (4)设定变频器参数如表 5-2-1 所列。 (5)设置图 5-2-6 所示的频率给定线。其中,ADC 值为 0~10 V(对应于-50~+50Hz),带有中心为"0"且有 0.2 V 宽度的"支撑点"(死区)。 (6)打开开关"K1",启动变频器。 (7)调节输入电压,观察并记录电动机的运转情况。 (8)关闭开关"K1",停止变频器。	 外部 0~10V 模拟量调速(面板启停)  电位器给定外部端子控制电动机启停

实操任务布置					笔记栏
表 5-2-1 变频器参数设定					
序号	变频器参数	出厂值	设定值	功能说明	
10	P0304	230	380	电动机的额定电压(380 V)	
11	P0305	3.25	0.30	电动机的额定电流(0.3 A)	
12	P0307	0.75	0.10	电动机的额定功率(100 W)	
13	P0310	50.00	50.00	电动机的额定频率(50 Hz)	
14	P0311	0	1420	电动机的额定转速(1420 r/min)	
15	P1000	2	2	模拟输入	
16	P0700	2	2	选择命令源(由端子排输入)	
17	P0701	1	1	ON/OFF(接通正转/停车命令1)	

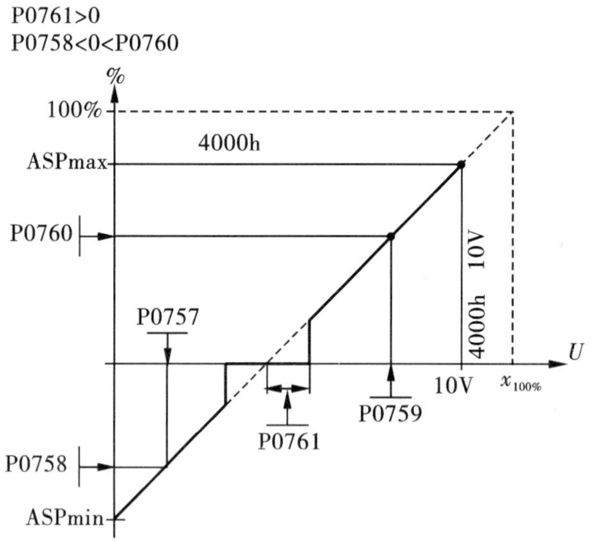

图 5-2-6 需要设置的频率给定线

4.注意事项

(1)参数设置完成后,一定要把 P0010=0,方可启动。

(2)P0700=2 才能用外部端子启停。

(3)P1000=2 才能用模拟量调速。

任务三 变频器多段速运行控制

任务实施人员信息					
姓名		学号		专业班级	
隶属组		组长		伙伴成员	
任务简介					
任务名称	变频器多段速运行控制		课时规划	2	
项目名称	变频器外部端子调速控制		所属课程	变频器应用技术	
考核点	频率给定线				
任务内容介绍	任务描述： 由于工艺上的要求，很多生产机械在不同的阶段需要在不同的转速下运行。为方便这种负载变化，大多数变频器均提供了多挡频率控制功能，通过几个开关的通、断组合来选择不同的运行频率。在变频器的控制端子中选择 3 个开关 K1、K2、K3 来选择各挡频率，一共可选择 7 挡频率。本次任务就是通过 DIN1、DIN2、DIN3 三个数字量输入端所接的三个开关 K_1、K_2、K_3 按不同的方式组合，实现多段速度选择变频器调速。 任务分析： 多段速度选择变频器调速只在外部运行模式（P0700 = 2）和固定频率设定（P1000 = 3）时有效，同时关系到三个数字量输入端的固定频率设值（P0701 = 17、P0702 = 17、P0703 = 17）。 任务要求： 通过外部端子控制电动机多段速度运行，开关 K_1、K_2、K_3 按不同的方式组合，实现 7 种不同的输出频率。				
任务目标	知识目标： 熟悉多段速调速实现的方法 能力目标： 能够正确选择并设置参数实现多段速调速控制。 素养目标： 1. 分析问题、解决问题。2. 工程实践。				

任务资讯(准备)(20 分)		笔记栏
知识准备	举列写一例生产中多段速运行的案例,并说明其参数(P0700、P0701、P0702、P0703、P1000)的设置情况(10 分)	
实训器具准备	1.实训设备。(4 分) 2.工具。(2 分) 3.仪器仪表。(2 分)	
场地准备	写出准备内容。(2 分)	

任务设计、实施与汇报(80分)		笔记栏
任务设计(10分)	列写变频器多段速调速的参数设置,并画出接线图。(10分)	
任务实施与汇报(60分)	1. 写出任务实施步骤。(40分) 2. 边操作边讲解任务实施情况。(20分) 注意事项: 1. 在上述各挡频率的切换过程中,所有加、减速时间和加、减速方式都是一样的。 2. 在外部运行模式(P0700=2,P1000=3)时有效。	
存在问题及解决办法(10分)		

任务考评					
评分项	分值	作答及操作要求	评分标准		得分
任务资讯	20	问题回答清晰准确,能够紧扣主题,没有明显错误项	对照标准答案错误一项扣1分,扣完为止		
任务设计与实施	40	操作规范,万用表挡位选择适当、使用方法正确,废料处理符合环保要求	任务设计10分		
			组建团队及成员分工2分		
			进行主电路接线8分		
			设置变频器参数7分		
			实现多段苏调速控制10分		
			场地清理3分		
任务展示汇报	20	语言简练、思路清晰、操作规范、方法正确	语言表达不清扣2分,操作错误一处扣1~3分,扣完为止		
存在问题及解决办法	10	问题合理、解决方法正确合理	解决方法错误一处扣2分,扣完为止		
合计					

相关知识				笔记栏
1. 应用背景 在变频器的控制端子中选择3个开关 K_1、K_2、K_3 来选择各挡频率,一共可选择7个频率挡次,如表5-3-1所示。				

表 5-3-1　多挡转速各挡频率

K_1	K_2	K_3	输出频率
OFF	OFF	OFF	OFF
ON	OFF	OFF	固定频率 f_1
OFF	ON	OFF	固定频率 f_2
ON	ON	OFF	固定频率 f_3
OFF	OFF	ON	固定频率 f_4
ON	OFF	ON	固定频率 f_5
OFF	ON	ON	固定频率 f_6
ON	ON	ON	固定频率 f_7

2. 参数设置

(1) 仅通过接点信号(外部输入端子 DIN1、DIN2、DIN3 信号) ON、OFF 的组合,即可选择各种速度,其接线如图5-3-1所示。

(2) 在外部运行模式(P0700=2, P1000=3)时有效。

(3) 三个数字量输入端的固定频率设置(P0701=17、P0702=17、P0703=17)。

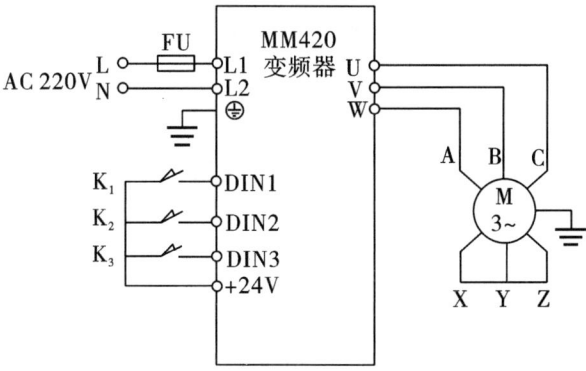

图 5-3-1　变频器多段速运行控制外部接线

实操任务布置	笔记栏
多段速度选择变频器调速 1. 任务要求 (1)正确设置变频器输出的额定频率、额定电压、额定电流、额定功率、额定转速。 (2)通过外部端子控制电动机多段速度运行,开关 K_1、K_2、K_3 按不同的方式组合,可选择 7 种不同的输出频率。 2. 任务实施步骤 (1)检查实训设备中器材是否齐全。 (2)按照图 5-3-1 完成变频器的接线。 (3)认真检查,确保正确无误后,接通变频器电源。 (4)设置变频器参数 1)设置参数前先将变频器参数复位为默认设定值。设定 P0010=30、P0970=1,然后停电 3 min(完成复位过程至少要 3 min)。 2)设定 P0003=2,允许访问扩展参数。 3)设定电动机参数时先设定 P0010=1(快速调试)。 4)设定电动机参数,如表 5-3-2 所示。	 多段速调速系统电路搭建及运行调试

表 5-3-2 设定电动机参数

序号	变频器参数	出厂值	设定值	功能说明
1	P0304	230	380	电动机的额定电压(380 V)
2	P0305	3.28	0.3	电动机的额定电流(0.35 A)
3	P0307	0.75	0.1	电动机的额定功率(60 W)
4	P0310	50.00	50.00	电动机的额定频率(50 Hz)
5	P0311	0	1420	电动机的额定转速(1430 r/min)
6	P1000	2	3	固定频率设定
7	P1080	0	0	电动机的最小频率(0 Hz)
8	P1082	50	50.00	电动机的最大频率(50 Hz)
9	P1120	10	10	斜坡上升时间(10 s)
10	P1121	10	10	斜坡下降时间(10 s)
11	P0700	2	2	选择命令源(由端子排输入)
12	P0701	1	17	固定频率设值(二进制编码选择+ON 命令)
13	P0702	12	17	固定频率设值(二进制编码选择+ON 命令)
14	P0703	9	17	固定频率设值(二进制编码选择+ON 命令)
15	P1001	0.00	5.00	固定频率 1
16	P1002	5.00	10.00	固定频率 2
17	P1003	10.00	20.00	固定频率 3
18	P1004	15.00	25.00	固定频率 4
19	P1005	20.00	30.00	固定频率 5
20	P1006	25.00	40.00	固定频率 6
21	P1007	30.00	50.00	固定频率 7

项目六　PLC 控制变频调整系统设计

任务一　PLC 控制变频器实现电动机正反转

<table>
<tr><td colspan="6" align="center">任务实施人员信息</td></tr>
<tr><td>姓名</td><td></td><td>学号</td><td></td><td>专业班级</td><td></td></tr>
<tr><td>隶属组</td><td></td><td>组长</td><td></td><td>伙伴成员</td><td></td></tr>
<tr><td colspan="6" align="center">任务简介</td></tr>
<tr><td>任务名称</td><td colspan="2">PLC 控制变频器实现电动机正反转</td><td>课时规划</td><td colspan="2">2</td></tr>
<tr><td>项目名称</td><td colspan="2">项目六　PLC 控制变频调速系统设计</td><td>所属课程</td><td colspan="2">变频器应用技术</td></tr>
<tr><td>考核点</td><td colspan="5">PLC 与变频器的连接、系统编程</td></tr>
<tr><td>任务内容介绍</td><td colspan="5">任务描述：
以变频器为核心结合 PLC 组成的控制系统具有高可靠性、强抗干扰能力、程序灵活多变、精度高、功能多、反映速度快、组合灵活、编程简单、维修方便和低成本低能耗等诸多特点。变频调速技术是指通过变频器构成自动控制系统来进行控制，和 PLC 配合使用，可由 PLC 提供控制信号和指令的通断信号。本次任务通过 PLC 与变频器配合控制，实现电动机的正反转运行。
任务分析：
PLC 控制变频器实现电动机正反转系统中，PLC 的输出作为变频器的数字量输入端 DIN1 和 DIN2，仍然是利用变频器的 DIN1、DIN2 来实现启停与反转的。因此，变频器的参数设置与外部端子控制电动机启停与反转是一样的。
任务要求：
(1) 通过 PLC 与变频器的配合控制，实现电动机的启停与反转。
(2) 正确编写 PLC 程序。</td></tr>
<tr><td>任务目标</td><td colspan="5">知识目标：
1. 会进行 PLC 编程。
2. 熟悉 PLC 与变频器连接时的注意事项。
能力目标：
1. 能够正确完成 PLC 与变频器配合使用时控制电路的接线。
2. 能够顺利实现 PLC 与变频器配合控制下的电动机启停与反转。
素养目标：
1. 分析问题、解决问题。2. 工程实践。</td></tr>
</table>

任务资讯(准备)（20分）		笔记栏
知识准备	变频器与 PLC 相连接时应注意哪些事项？（10分）	
实训器具准备	1. 实训设备。(4分) 2. 工具。(2分) 3. 仪器仪表。(2分)	
场地准备	写出准备内容(2分)	

任务设计、实施与汇报(80分)		笔记栏
任务设计(10分)	列些变频器与PLC配合控制实现电动机启停与反转时的参数设置,并画出接线图。(10分)	
任务实施与汇报(60分)	1.写出任务实施步骤。(40分) 2.边操作边讲解任务实施情况。(20分) 注意事项: 在MM420变频器中,当DIN1和DIN2同时为高电平时,电动机才能反转,因此在梯形图中没有互锁触点。	
存在问题及解决办法(10分)		

任务考评				
评分项	分值	作答及操作要求	评分标准	得分
任务资讯	20	问题回答清晰准确,能够紧扣主题,没有明显错误项	对照标准答案错误一项扣1分,扣完为止	
任务设计与实施	40	操作规范,万用表挡位选择适当、使用方法正确,废料处理符合环保要求	任务设计10分	
			组建团队及成员分工2分	
			进行主电路接线10分	
			设置变频器参数,编写程序8分	
			PLC控制变频器实现正反转控制8分	
			场地清理2分	
任务展示汇报	20	语言简练、思路清晰、操作规范、方法正确	语言表达不清扣2分,操作错误一处扣1~3分,扣完为止	
存在问题及解决办法	10	问题合理、解决方法正确合理	解决方法错误一处扣2分,扣完为止	
合计				

相关知识	笔记栏
一、PLC 与变频器的连接 变频器可直接接收 PLC 的 PWM 信号,并可控制电动机频率。图 6-1-1 为 PLC 和变频器直接连接示意图。其中,FP0 可以输出 0.1% 精度的 PWM 脉冲输出。VF0 内部电路对 PWM 占空比(ON 时间)进行精确测定。图 6-1-2 为 PLC 与变频器的连线示意图。图 6-1-2a 所示是使用继电器触点与变频器连接,常因为接触不良带来误操作;图 6-1-2b 所示是使用晶体管与变频器连接,需要考虑晶体管自身的电压、电流容量等因素来保证可靠性。 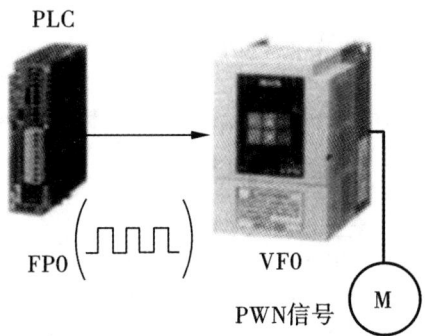 图 6-1-1 PLC 和变频器直接连接 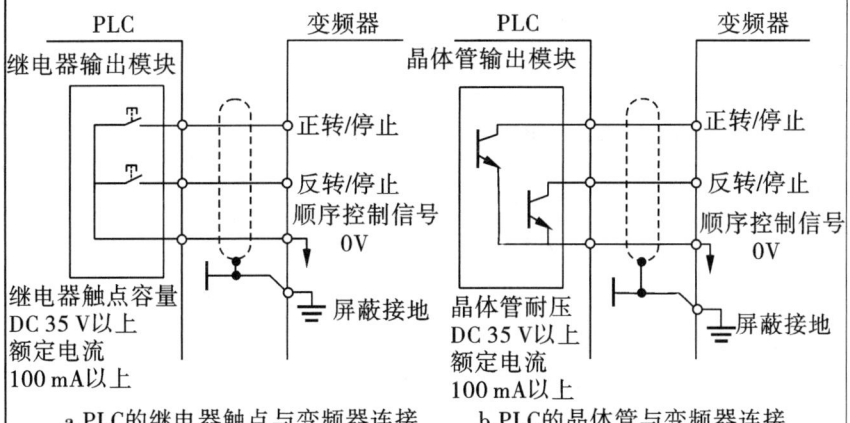 a.PLC的继电器触点与变频器连接　　b.PLC的晶体管与变频器连接 图 6-1-2 PLC 与变频器的连线 二、变频器与 PLC 相连接时的注意事项 变频器在运行中会产生较强的电磁干扰,为保证 PLC 不因为变频器主电路断路器及开关器件等产生的噪声而出现故障,将变频器与 PLC 相连接时应该注意以下几点:	

相关知识	笔记栏
1. 当变频器的输入信号电路连接不当时,可能会导致变频器的误动作。 2. 注意 PLC 一侧输入阻抗的大小,以保证电路中的电压和电流不超过电路的容许值,从而提高系统的可靠性和减少误差。 3. PLC 的接地端必须接地良好。尤其是和变频器一起使用时,应避免和变频器使用共同的接地线,并在接地时尽可能使两者分开。 4. 当电源条件不太好时,应在 PLC 的电源模块以及输入/输出模块的电源线上接入噪声滤波器和降低噪声用的变压器等。如有必要,也可在变频器一侧采取相应措施。 5. 当把 PLC 和变频器安装在同一个操作柜中时,应尽可能使与 PLC 和变频器有关的电线分开,并通过使用屏蔽线和双绞线来提高抗噪声的水平。 三、由 PLC 与变频器配合使用的控制电路 由 PLC 控制的电路有正/反转控制电路、工频切换电路及多挡转速控制电路等。这里只介绍 PLC 控制的正/反转电路,如图 6-1-3 所示。 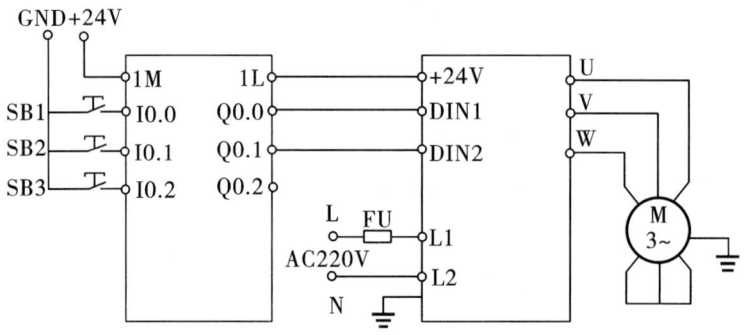 图 6-1-3 PLC 与变频器配合使用的电动机正/反转控制电路 I/O 分配方案为:办理入部分,SB1 对应 I0.0 地址,为正转启动按钮,SB2 对应 I0.1 地址,为反转启动按钮,SB3 对应 I0.2,停止按钮;输出部分,Q0.0 对应正转输出,Q0.1 对应反转输出。 注意:在 MM420 变频器中,当 DIN1 和 DIN2 同时为高电平时,电动机才能反转,因此在梯形图中没有互锁触点,如图 6-1-4 所示。 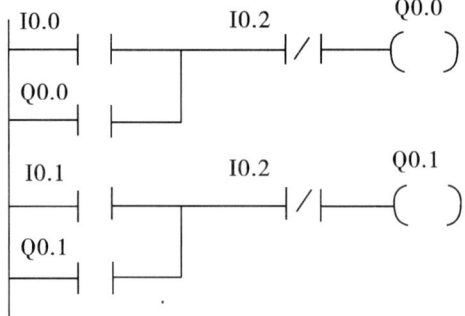 图 6-1-4 PLC 与变频器配合控制电动机正/反转梯形图	

实操任务布置	笔记栏
由 PLC 实现电动机的启停与反转控制 1. 任务要求 (1)正确设置变频器输出的额定频率、额定电压、额定电流、额定功率、额定转速。 (2)通过 PLC 控制变频器外部端子,实现电动机的正/反转控制。 2. 任务实施步骤 (1)按照图 6-1-3 完成变频器的接线。 (2)认真检查,确保正确无误后,接通 PLC 及变频器电源。 (3)设置变频器参数(表 6-1-1)。(由学生完成相应参数的设置) (4)编写相应的梯形图,下载程序至 PLC 中,下载完毕后将 PLC 的"RUN/STOP"开关拨至"RUN"状态。 (5)试运行 1)按下 SB1,观察电动机的运行情况。 2)同时按下 SB1 和 SB2,观察电动机的运行情况。 3)只按下 SB2,观察电动机的运行情况。 3. 注意事项 (1)对 PLC 与变频器要正确界限。 (2)PLC 编程时要考虑是否需要互锁触点。	 PLC 控制变频器实现电动机正反转的接线及参数设置  PLC 控制变频器实现电动机正反转的编程及运行调试

表 6-1-1 参数设置

序号	变频器参数	出厂值	设定值	功能说明
18	P0304	230	380	电动机的额定电压(380 V)
19	P0305	3.25	0.3	电动机的额定电流(0.3 A)
20	P0307	0.75	0.1	电动机的额定功率(100 W)
21	P0310	50.00	50.00	电动机的额定频率(50 Hz)
22	P0311	0	1420	电动机的额定转速(1420 r/min)
23	P1000	2	1	数字(面板)输入
24	P0700	2	2	选择命令源(由端子排输入)
25	P0701	1	1	ON/OFF(接通正转/停车命令 1)
26	P0702	12	12	接通反转命令

任务二　PLC 控制变频器实现电动机多段速运行

任务实施人员信息					
姓名		学号		专业班级	
隶属组		组长		伙伴成员	
任务简介					
任务名称	PLC 控制变频器实现电动机多段速运行		课时规划	2	
项目名称	PLC 控制变频调速系统设计		所属课程	变频器应用技术	
考核点	PLC 与变频器的连接、系统编程				
任务内容介绍	任务描述： 该任务实现 PLC 控制变频器实现电动机多段速调速运行，要求通过编程调试，最终实现多段速自动切换，实现电动机多段速自动连续运行。 任务分析： PLC 控制变频器实现电动机多段速调速运行系统中，PLC 的输出与变频器的数字量输入端 DIN1 和 DIN2 和 DIN3 相连接，仍然利用变频器的 DIN1、DIN2、DIN3 三个数字量输入端连接的三个开关 K_1、K_2、K_3 的不同组合方式来实现多段速调速，故变频器的参数设置与变频器多段速运行控制是一样的。 任务要求： (1)通过 PLC 控制变频器外部端子，实现电动机多段速调速运行。 (2)正确编写 PLC 程序，从手动切换、点动运行到自动切换、连续运行。					
任务目标	知识目标： 1. 会进行 PLC 编程。 2. 熟悉变频器的其他常见功能。 能力目标： 1. 能够正确完成控制电路的接线。 2. 能够根据工艺要求，正确的编写程序。 3. 能够顺利实现 PLC 与变频器配合控制下的电动机多段速调速运行。 素养目标： 1. 分析、解决问题。2. 工程实践。3. 创新意识。					

	任务资讯(准备)（20分）	笔记栏
知识准备	1.变频器的其他常见功能有哪些？（4分） 2.设置PLC控制变频器实现电动机多段速调速运行时的参数。（6分）	
实训器具准备	1.实训设备。（4分） 2.工具。（2分） 3.仪器仪表。（2分）	
场地准备	写出准备内容（2分）	

任务设计、实施与汇报(80分)		笔记栏
任务设计(10分)	1.画出接线图。(4分) 2.分别编写 PLC 控制变频器实现电动机多段速手动切换、点动运行及自动切换、连续运行时的 PLC 程序。(6分)	
任务实施与汇报(60分)	1.写出任务实施步骤。(40分) 2.边操作边讲解任务实施情况。(20分)	
存在问题及解决办法(10分)		

任务考评					
评分项	分值	作答及操作要求	评分标准		得分
任务资讯	20	回答问题清晰准确,能够紧扣主题,没有明显错误项	对照标准答案错误一项扣1分,扣完为止		
任务设计与实施	40	操作规范,万用表挡位选择适当、使用方法正确,废料处理符合环保要求	任务设计10分		
			组建团队及成员分工2分		
			进行主电路接线5分		
			设置变频器参数6分		
			实现PLC控制多段速调速控制15分		
			场地清理2分		
任务展示汇报	20	语言简练、思路清晰、操作规范、方法正确	语言表达不清扣2分,操作错误一处扣1~3分,扣完为止		
存在问题及解决办法	10	问题合理、解决方法正确合理	解决方法错误一处扣2分,扣完为止		
合计					

相关知识	笔记栏
1. PLC 控制变频器实现电动机多段速运行接线如图 6-2-1 所示。 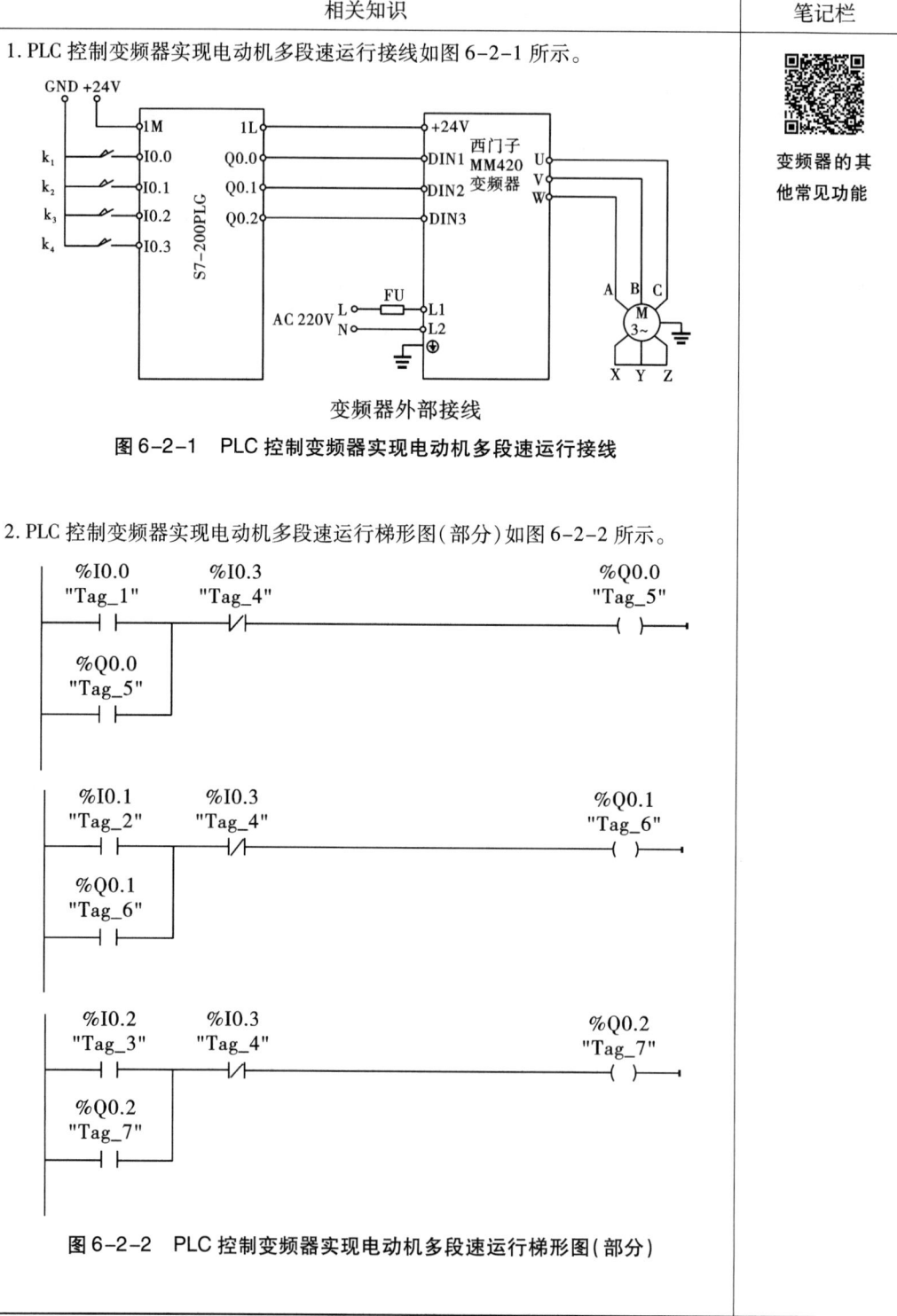 图 6-2-1 PLC 控制变频器实现电动机多段速运行接线 2. PLC 控制变频器实现电动机多段速运行梯形图(部分)如图 6-2-2 所示。 图 6-2-2 PLC 控制变频器实现电动机多段速运行梯形图(部分)	变频器的其他常见功能

实操任务布置

PLC 控制变频器实现电动机多段速运行

1. 任务要求
(1) 正确设置变频器输出的额定频率、额定电压、额定电流、额定功率、额定转速。
(2) 通过 PLC 控制变频器外部端子。打开开关 K1 变频器每过一段时间自动变换一种输出频率,关闭开关 K1 电动机停止;开关 K2、K3、K4 按不同的方式组合,可选择 7 种不同的输出频率。

2. 任务实施步骤
(1) 按照图 6-2-1 完成变频器的接线。
(2) 认真检查,确保正确无误后,接通 PLC 及变频器电源。
(3) 设置变频器参数。
1) 设置参数前先将变频器参数复位为工厂的默认设定值。设定 P0010=30、P0970=1,然后停电 3 min。
2) 设定 P0003=2,允许访问扩展参数。
3) 设定电动机参数时先设定 P0010=1(快速调试)。
4) 完成参数设置(表 6-2-1),并设定电动机参数。
5) 电动机参数设置完成后,设定 P0010=0(准备)。

表 6-2-1 参数设置

序号	变频器参数	出厂值	设定值	功能说明
22	P0304	230		电动机的额定电压(380 V)
23	P0305	3.28		电动机的额定电流(0.35 A)
24	P0307	0.75		电动机的额定功率(100 W)
25	P0310	50.00		电动机的额定频率(50 Hz)
26	P0311	0	1420	电动机的额定转速(1420 r/min)
27	P1000	2	3	固定频率设定
28		0	0	电动机的最小频率(0 Hz)
29		50	50.00	电动机的最大频率(50 Hz)
30		10	10	斜坡上升时间(10 s)
31		10	10	斜坡下降时间(10 s)
32	P0700	2		选择命令源(由端子排输入)
33	P0701	1	17	固定频率设值(二进制编码选择+ON 命令)
34	P0702	12	17	固定频率设值(二进制编码选择+ON 命令)
35	P0703	9	17	固定频率设值(二进制编码选择+ON 命令)
36	P1001	0.00	5.00	固定频率 1
37	P1002	5.00	10.00	固定频率 2
38	P1003	10.00	20.00	固定频率 3
39	P1004	15.00	25.00	固定频率 4
40	P1005	20.00	30.00	固定频率 5
41	P1006	25.00	40.00	固定频率 6
42	P1007	30.00	50.00	固定频率 7

PLC 控制变频器多段速运行的接线与参数设置

PLC 控制变频器多段速运行及编程与调试

PLC 变频器多段速自动运行的编程与调试

实操任务布置				笔记栏
(4)编写相应的梯形图,用PC/PPI通信编程电缆连接计算机串口与PLC通信口,打开PLC主机电源开关,下载程序至PLC中,下载完毕后将PLC的"RUN/STOP"开关拨至"RUN"状态。				
(5)切换开关K_1、K_2、K_3的通断,观察并记录变频器的输出频率于表6-2-2中。				
表6-2-2 数据记录表				
K_1	K_2	K_3	输出频率/Hz	
OFF	OFF	OFF		
ON	OFF	OFF		
OFF	ON	OFF		
ON	ON	OFF		
OFF	OFF	ON		
ON	OFF	ON		
OFF	ON	ON		
ON	ON	ON		
3.注意事项 该程序不带自锁触点,因此运行在某一个速度段时,必须用手一直按着某一个或者某几个按钮,也就是实现的是点动运行。而且各速度段之间是靠手动来切换的。 如何实现连续运行,各速度段之间自动切换呢?请学生自行编程验证。				

任务三　PLC 通信控制变频器实现电动机多段速运行

任务实施人员信息						
姓名		学号		专业班级		
隶属组		组长		伙伴成员		
任务简介						
任务名称	PLC 通信控制变频器实现电动机多段速运行			课时规划	1	
项目名称	项目六　PLC 控制变频调速系统设计			所属课程	变频器应用技术	
考核点	USS 通信控制指令功能及应用					
任务内容介绍	任务描述： USS 指令专用于 PLC 与 MM 系列变频器之间通信使用，主要包括 USS_INIT 指令和 USS_CTRL2 条指令。 任务分析： (1) USS_INIT 指令。用于启用和初始化或禁止 MicroMaster 驱动器通信。在使用任何其他 USS 协议指令之前，必须先执行 USS_INIT 指令，才能继续执行下一条指令。 (2) USS_CTRL 指令。用于已在 USS_INIT 指令中 ACTIVE（激活）的驱动器，且仅限为一台驱动器。 任务要求： (1) 掌握 USS_INIT 指令功能。 (2) 掌握 USS_CTRL 指令功能。 (3) 进行 USS 指令控制应用实操。					
任务目标	知识目标： 1. 了解 USS_指令应用。 2. 掌握 USS_INIT、USS_CTRL 指令功能。 能力目标： 能够进行 USS 指令控制应用实操。 素养目标： 1. 团队协作。2. 工程实践。3. 逻辑思维。					

	任务资讯(准备)（20分）	笔记栏
知识准备	1. USS_指令有哪些特点？（4分） 2. USS 指令应用在哪些场合？（6分） 3. USS_INIT、USS_CTRL 指令功能？（4分） 4. USS 指令使用有哪些注意事项？（6分）	
实训器具准备	1. 实训设备。 编程软件,PLC、变频器实物。 2. 工具。 电工工具一套、导线。 3. 仪器仪表。 万用表。	
场地准备	1. 实训室卫生。 2. 实训室通风。 3. 实训台清理。 4. 实训设备的摆放。	

	任务设计、实施与汇报(80分)	笔记栏
任务设计(10分)	1. USS指令应用的应用特点。(4分) 2. USS_INIT、USS_CTRL指令设定方法。(6分)	
任务实施与汇报(60分)	任务实施步骤： 1. 组建学习团队。(2分) 2. 团队成员分工。(3分) 3. USS指令功能及作用。(5分) 4. USS_INIT、USS_CTRL指令参数设定。(15分) (1) USS_INIT参数设定。 (2) USS_CTRL参数设定。 5. USS指令应用实操。(10分) (1) 指令调用 (2) 参数设定 6. 任务展示汇报。(20分) 7. 场地清理。(5分) 注意事项： (1) 通电调试时注意安全。 (2) 注意环境卫生和废料的环保处理。 (3) 团队成员一定要协作完成，不可一个人独自完成。	
存在问题及解决办法(10分)		

任务考评					
评分项	分值	作答及操作要求	评分标准		得分
任务资讯	20	回答问题清晰准确,能够紧扣主题,没有明显错误项	对照标准答案错误一项扣1分,扣完为止		
任务设计与实施	50	流程规范,方法正确,环境处理符合环保要求	任务设计10分		
			组建学习团队2分		
			团队成员分工3分		
			USS指令功能分析5分		
			USS_INIT参数设定10分		
			USS_CTRL参数设定10分		
			操作及维护5分		
			场地清理5分		
任务汇报	20	语言简练、思路清晰、操作规范、方法正确	语言表达不清扣2分,操作错误一处扣1~3分,扣完为止		
存在问题及解决办法	10	问题合理、解决方法正确合理	解决方法错误一处扣2分,扣完为止		
合计					

相关知识	笔记栏

本次任务使用到了 USS 指令,该指令专门用于 PLC 与 MM 系列变频器之间通信使用,简介如下:

一、USS_INIT 指令

1. EN 位。输入打开时,在每次扫描时执行该指令,仅限为通信状态的每次改动执行一次 USS_INIT 指令。使用边缘检测指令,以脉冲方式打开 EN 位输入。欲改动初始化参数,执行一条新 USS_INIT 指令。初始 USS 通信梯形图见图 6-3-1。

2. MODE(模式)位。输入值为 1 时将端口 0 分配给 USS 协议,并启用该协议;输入值为 0 时将端口 0 分配给 PPI,并禁止 USS 协议。

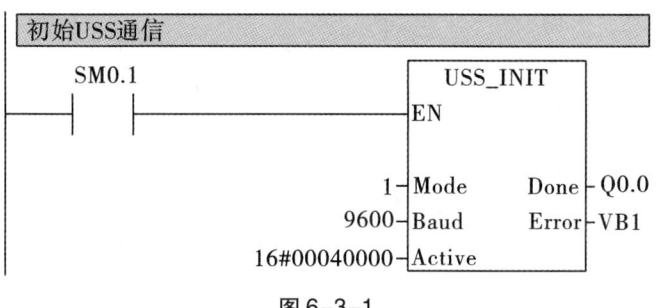

图 6-3-1

3. BAUD(波特率)位。用于将波特率设为 1200、2400、4800、9600、19200、38400、57600 或 115200。

4. ACTIVE(激活)位。用于表示激活的驱动器。

站点号具体计算见表 6-3-1。

表 6-3-1 站点号计算

D31	D30	D29	D28	…	D19	D18	D17	D16	…	D3	D2	D1	D0
0	0	0	0	…	0	1	0	0	…	0	0	0	0

其中,D0~D31 代表有 32 台变频器,四台为一组,共分成八组。如果要激活某台变频器,就使该位为 1,现在激活 18 号变频器,见表 6-3-1,构成 16 进位数得出 Active,即为 0004000。

若同时有 32 台变频器需激活,则 Active 为 16#FFFFFFFF,此外还有一条指令用到站点号,USS-CTRL 中的 Drive 驱动站号不同于 USS_INIT 中的 Active 激活号,Active 激活号指定哪几台变频器需要激活,而 Drive 驱动站号是指先激活后的哪台电动机驱动,因此程序中可以有多个 USS_CTRC 指令。

二、USS_CTRL 指令

1. EN(使能)位。打开此端口,才能启用 USS_CTRL 指令。且该指令应当始终启用。

2. RUN(运行)位。表示驱动器是打开(1)还是关闭(0)。当 RUN(运行)位打开时,驱动器收到一条命令,按指定的速度和方向开始运行。为了使驱动器运行,必须符合以下条件:DRIVE(驱动器)在 USS_INIT 中必须被选为 ACTIVE(激活)。OFF2 和 OFF3 必须设为 0。FAULT(故障)和 INHIBIT(禁止)必须为 0。当 RUN(运行)关闭时,会向驱动器发出一条命令,将速度降低,直至电动机停止。

相关知识	笔记栏
3. OFF2 位。用于允许驱动器滑行至停止。 4. OFF3 位。用于命令驱动器迅速停止。 5. F_ACK 位。用于确认驱动器中的故障。当从 0 转为 1 时,驱动器清除故障。 6. DIR 位。用于表示驱动器应当移动的方向正转/反转。 7. Drive(驱动器)位。用于指定运行的驱动器号,必须已经在 USS_INIT 中被选为 ACTIVE(激活)。 8. Type 位。用于选择驱动器类型,3 系列或更早的为 0,4 系列为 1。 9. Speed_SP(速度设定值)位。用于设置全速百分比的驱动器速度。Speed_SP 的负值会使驱动器反向旋转方向。其范围为-200.0%~200.0% 10. Resp_R(收到应答)位。用于确认从驱动器收到应答。对所有的激活驱动器进行轮询,查找最新驱动器状态信息。每次从驱动器收到应答时,Resp_R 位均会打开,进行一次扫描,所有数值均被更新。 11. Error(错误)位。用于包含对驱动器最新通信请求结果的错误字节。 12. Status(状态)位。用于驱动器返回的状态字原始数值。 13. Speed(速度)位。用于按全速百分比显示驱动器当前速度。其范围为 -200.0% ~ 200.0%。 14. Run_EN(运行启用)位。用于表示驱动器是运行(1)还是停止(0)。 15. D_Dir 位。用于表示驱动器的旋转方向。 16. Inhibit(禁止)位。用于表示驱动器上的禁止位状态(为 0 时表示不禁止,为 1 时表示禁止)。欲清除禁止位,"故障"位必须关闭,RUN(运行)、OFF2 和 OFF3 输入位也必须关闭。 17. Fault(故障)位。用于表示故障位状态(为 0 时表示无故障,为 1 时表示故障)。USS 通信使能梯形图中地址、指令位对应关系见图 6-3-2。 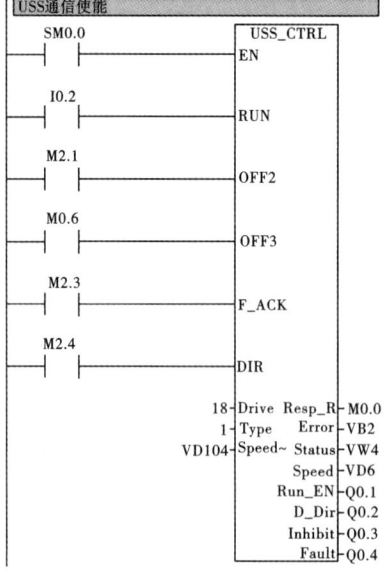 图 6-3-2 地址、指令位对应关系	

实操任务布置	笔记栏

PLC 以 USS 通信方式控制三相异步电动机,实现电动机在预期的时间段内按预设时间以不同组合的转速运行。

1. 接线见图 6-3-3。

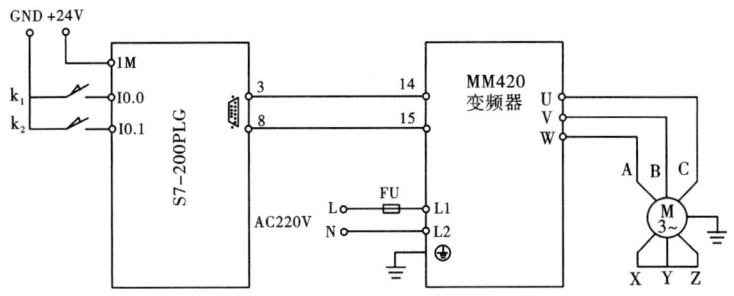

PLC 通信控制参数设置与运行调试

PLC 通信控制编程

图 6-3-3　PLC 以 USS 通信方式控制三相异步电动机的接线

2. 电动机频率曲线见图 6-3-4。

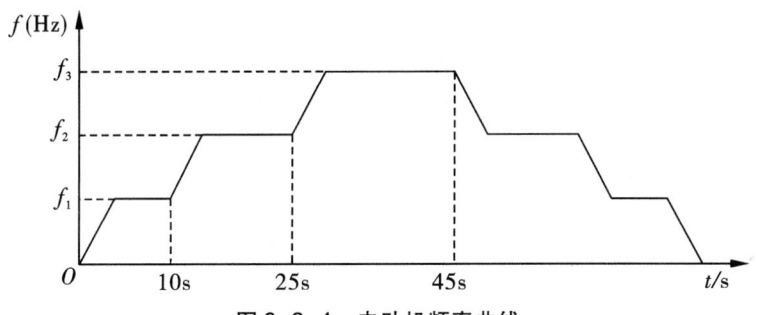

图 6-3-4　电动机频率曲线

3. 操作步骤

(1) 正确完成接线,根据样例程序编制梯形图并下载本实验程序到 PLC 中,下载完毕后切换到"RUN"位置。

(2) 正确设置参数。将变频器 P0700 和 P1000 修改为 5,还对其站点号和波特率进行修改,其中 P2011 为 18、P2010 为 6。在程序段中将波特率和站点号设置得与变频器一致。在主程序 MAIN 的 USS_INIT 网络段中,Baud 设置一定要和所要激活的变频器所设置的波特率一致(都为 9600)。Active 参数为所要激活的变频器的站点号,可以是单台也可以是多台,但不超过 32 台范围,其中设置值可参看有关。样例程序中所设变频器站为 18 号,波特率为 9600。

(3) 打开开关 K_1,启动变频器,打开开关 K_2 观察电动机在不同的时间段内转速的变化状态。

(4) 尝试修改参考程序,使变频器以不同的频率组合分时段运行;关闭开关 K_1,停止电动机。

任务四　扶手电梯变频调整系统分析

任务实施人员信息				
姓名		学号		专业班级	
隶属组		组长		伙伴成员	
任务简介				
任务名称	扶手电梯变频调速系统分析		课时规划	2
项目名称	PLC 控制变频调速系统设计		所属课程	变频器应用技术
考核点	扶手电梯系统结构组成及工作原理			
任务内容介绍	任务描述： 认识现代生活中常见的扶手电梯，了解扶手电梯的工作原理，熟悉扶手电梯系统的结构组成及其功能作用，理解扶手电梯变频调速的原理。 任务分析： 使用变频器和可编程控制器构成变频调速系统有着可靠性高、稳定性好、维护检修方便、节省电能等优点，是目前扶梯领域广泛采用的控制方式。 任务要求： (1)学习扶手电梯系统结构组成。 (2)进行扶手电梯系统变频调速工作原理分析。 (3)分组进行扶手电梯系统自动调速控制实现讲解展示。			
任务目标	知识目标： 1.掌握扶手电梯系统结构组成。 2.理解扶手电梯系统变频调速工作原理。 能力目标： 能够进行扶手电梯变频调速系统操控及常见故障排除。 素养目标： 1.团队协作。2.工程实践。3.逻辑思维。			

项目六 PLC控制变频调整系统设计

任务资讯(准备)(20分)		笔记栏
知识准备	1.扶手电梯系统由哪些部分组成?(4分) 2.扶手电梯系统如何进行变频调速工作?(6分) 3.扶手电梯系统操控如何实现?(4分) 4.扶手电梯系统有哪些常见故障?(6分)	
实训器具准备	1.实训设备 扶手电梯虚拟仿真展示;扶手电梯系统实物(应用现场)。 2.工具。 电工工具一套 3.仪器仪表。 万用表15块。	
场地准备	1.实训室卫生。 2.实训室通风。 3.实训台、应用现场环境清理。 4.器件、万用表等实训设备的摆放。	

任务设计、实施与汇报(80分)		笔记栏
任务设计 (10分)	1. 介绍扶手电梯系统结构组成。(5分) 2. 扶手电梯系统变频调速工作原理展示。(5分)	
任务实施与汇报 (60分)	任务实施步骤： 1. 组建学习团队。(2分) 2. 团队成员分工。(3分) 3. 扶手电梯系统的功能及作用。(5分) 4. 扶手电梯系统的结构组成。(15分) (1)机械结构。 (2)电气组成。 (3)操控方式。 5. 扶手电梯系统的工作原理分析。(10分) (1)控制原理。 (2)常见故障。 6. 任务展示汇报(20分) 7. 场地清理。(5分) 注意事项： (1)扶手电梯系统现场观察操控时注意安全。 (2)注意环境卫生和废料的环保处理。 (3)团队成员一定要协作完成，不可一个人独自完成。	
存在问题及解决办法 (10分)		

任务考评				
评分项	分值	作答及操作要求	评分标准	得分
任务资讯	20	问题回答清晰准确,能够紧扣主题,没有明显错误项	对照标准答案错误一项扣1分,扣完为止	
任务设计与实施	50	流程规范,方法正确,环境处理符合环保要求	任务设计10分	
			组建学习团队2分	
			团队成员分工3分	
			扶手电梯系统功能分析5分	
			结构组成10分	
			原理方案分析10分	
			操作及维护5分	
			场地清理5分	
任务汇报	20	语言简练、思路清晰、操作规范、方法正确	语言表达不清扣2分,操作错误一处扣1~3分,扣完为止	
存在问题及解决办法	10	问题合理、解决方法正确合理	解决方法错误一处扣2分,扣完为止	
合计				

相关知识	笔记栏
一、自动扶梯调速系统的性能特点 自动扶梯和电梯一样,是公共场所运送乘客的典型设备,已在百货公司、机场、地铁、火车站等场所广泛应用。大多数扶梯在客流量大的时候工作于额定运行状态,在空载时仍以额定速度运行,具有耗能大、机械磨损严重、使用寿命短等缺点。采用 MM440 变频器组成的变频控制系统后,可以很好地解决这些问题,具有很高的运行可靠性和功能的多样性,而且采用脉冲频率可选的专用脉冲调制技术,可使电动机低噪声,为电动机提供了良好的保护。 (1)无人乘梯时,保证扶梯自动平稳过渡到节能运行,以 1/5 额定速度运行(可以选择当无人乘梯时,扶梯自动停止的功能)。 (2)有人乘梯时,保证扶梯自动以节能速度平稳过渡到额定速度运行。 (3)扶梯空载时以节能模式运行,电流仅为空载时额定速度运行电流的 1/3。 (4)检修运行时,扶梯系统以 1/2 额定速度运行,便于检修和观察扶梯机构的运行情况,避免了原系统以额定速度运行,点动操作停止不及时的缺点。 二、变频器在扶手电梯的应用优势 应用变频器和可编程控制器构成变频调速系统对传统扶梯进行节能改造,能够提升系统的安全可靠性,有效节约能源,降低运行成本,具体地有如下控制优势: (1)无乘客时,电梯低速运行,当有乘客到达入口时,电梯自动转入全速运行,乘客离开电梯后若再无乘客,则电梯自动转回低速运行。应用变频调速进行电动机软启动控制,启动、停止和速度转换平稳顺畅,舒适性好;当扶梯处于下行状态时,电动机进入发电状态,能量回馈电网,此时电动机不受变频器控制。 (2)可以实现变频工频的自动切换,当变频器出现故障时,可以不通过变频器,直接通过电网供电,便于系统故障时仍能暂时运行,不影响用户使用。 (3)检修运行时扶梯以 1/2 额定速度运行,便于检修和观察扶梯结构的运动情况,克服了原系统额定速度点动停止不及时的不足。 (4)扶梯空载时电流仅为额定速度运行时电流的 1/3,节能效果明显。由于无人乘梯时运行速度很低,机械部分的磨损大大降低,相对延长了扶梯的使用寿命。 (5)变频技术的采用大大降低了扶梯启动时对电网的冲击,保证了扶梯启动的平滑、舒适,可有效改善电网的功率因数,降低无功损耗。	 扶手电梯控制系统结构

实操任务布置	笔记栏

扶手电梯控制系统实现

1. 控制系统连接

通过 PLC 可以实现各种控制,包括变频器的控制、故障显示、出入口乘客检测电路等功能,当扶梯出现故障时,报警铃会响,并且启动开关动作,使得电动机断电,以防止事故的发生。通过 PLC 去控制变频器,以方便检修、节能、上行、下行等控制功能。控制系统的连接如图 6-4-1 所示。

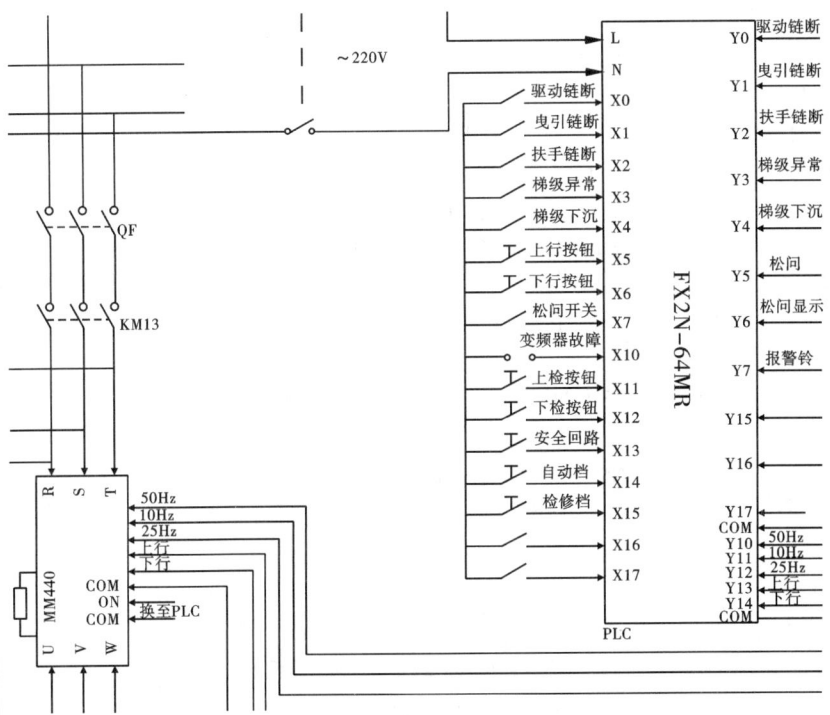

图 6-4-1 控制系统的连接

PLC 控制器自动检测到自动扶梯空载运行一定时间后,发出指令控制变频器使其降速运行。当有乘客踏上自动扶梯床盖板时,扶梯可通过设置在盖板入口处的光电感应装置自动感知乘客的到来,开始加速运转。在这里,变频器的主要作用是用来调整扶梯转速、启动和运行平稳,在无人时,PLC 经过延时指令,系统自动转入蠕动状态运行,以达到节能的目的;有乘客时,光电开关发出信号,扶梯经变频调速至额定速度,当全部乘客离开扶梯后,扶梯经过一段延时又自动进入低速运行的待客状态。一般来说,自动扶梯的空载时间往往大于载客时间,这样可节省电能,减少机械磨损,从而延长使用寿命。

3. MM440 变频器参数设定

设置调试参数过滤器 P0010=30,P0970=1,然后按下 P 键,使变频器恢复到出厂默认值。根据上述要求,组成调速系统的硬件结构的 4 个开关量输入,采用数字输入端 DIN1~DIN4。具体参数设定如下:

实操任务布置	笔记栏
（1）设定电动机参数。 1）设定电动机选择类型，P0300=1，即异步电动机。 2）设置功率，P0307=11，即电动机的额定功率(kW)。 3）设置电压，P0304=380，即电动机的额定电压(V)。 4）设置电流，P0305=28.95，即电动机的额定电流(A)。 5）设置频率，P0310=50，即电动机的额定频率(Hz)。 6）设置效率，P0309=91，即电动机的效率(%)。 7）设置转速，P0311=1460，即电动机的额定转速(r/min)。 （2）命令源设定。P0700=2，表示端子排输入，即将DINn作为输入。 （3）设定数字输入的功能。 1）数字输入1，P0701=1，即[5]号端子为"1"，ON 正转，OFF 无效。 2）数字输入2，P0702=2，即[6]号端子为"2"，ON 反转，OFF 无效。 3）数字输入3，P0703=17，即[7]号端子为"17"，以二进制编码选择，直接输入+ON信号，设定固定频率。 4）数字输入4，P0704=17，即[8]号端子为"17"，以二进制编码选择，直接输入+ON信号，设定固定频率。 5）数字输入5，P0705=17，即[16]号端子为"17"，以二进制编码选择，直接输入+ON信号，设定固定频率。 （4）关于二进制编码输入，用 DIN3~DIN5 三位数字量编码决定固定频率。具体方法为：DIN3~DIN5 的定义参数 P0703~P0705 全部设置为17（二进制编码输入）。 （5）3个固定频率设定参数 P1001，P1002，P1003 分别设置固定频率。考虑到 DINn 与 P100n 有对应关系，根据系统的要求，设定参数如下： 1）P1001=50，DIN1 对应通道1频率为固定频率 f_1=50 Hz，扶梯运行额定转速。 2）P1002=10，DIN2 对应通道2频率为固定频率 f_2=10 Hz，扶梯运行1/5额定转速。 3）P1003=25，DIN3 对应通道3频率为固定频率 f_3=23 Hz，扶梯运行1/2额定速度。 （6）P1080、P1082 用于设定电动机运行的最低频率与最高频率。 1）P1080=10，即电动机运行时的最低频率为10 Hz。 2）P1082=50，即电动机运行时的最高频率为50 Hz。 （7）自动扶梯运行时间设定。 P1120=6，即斜坡上升时间为6.0 s。 P1121=3，即斜坡下降时间为6.0 s。 （8）变频器控制方式选择参数设定。P1300=20，变频器采用无速度反馈的矢量控制。 4. 编写程序。 5. 运行调试。	

项目七 变频器在传送带中的应用

任务一 变频器控制传送带调速

任务实施人员信息					
姓名		学号		专业班级	
隶属组		组长		伙伴成员	
任务简介					
任务名称	变频器控制传送带调速		课时规划		2
项目名称	变频器在传送带中的应用		所属课程		变频器应用技术
考核点	1. 传送带分类 2. 传送带控制系统组成 3. G120 型变频器的操作				
任务内容介绍	任务描述： 传送带生产线广泛应用于家电、电子、电器、机械、烟草、注塑、邮电、印刷、食品等行业，可用于物件的组装、检测、调试、包装、运输等方面。该任务主要介绍传送带的分类、控制系统的组成和 G120 变频器。学习该任务，能够掌握传送带控制系统的结构原理，G120 变频器的结构与基本操作，了解变频器在传送带中的应用情况。 任务分析： 传送带控制系统主要由触摸屏、PLC、变频器及交流伺服电动机组成，采用变频器控制传送带的启停、正反转以及传送带的速度，从而带动传送带运行。G120 是一种可满足多样化要求的模块化变频器，组件采用模块化设计，功率范围宽，0.55～250 kW，可确保始终能够组合出一种满足要求的理想变频器。该系列变频器提供三种电压型号，可连接 200 V、400 V 和 690 V 电网。另外，G120 还提供一个功能全面的安全软件包。STARTER 或 SINAMICS Startdrive 用于对安全功能进行调试。 任务要求： (1)正确说明传送带的分类组成。 (2)正确说明传送的控制系统的结构原理。 (3)正确进行 G120 变频的基本操作。 (3)边操作边讲解进行任务展示，2 人一个小组，成员协作完成。				
任务目标	知识目标： 1. 了解传送带的分类以及应用情况 2. 掌握传送带控制系统的结构及工作原理 3. 熟悉 G120 变频器的结构及操作菜单 能力目标：能够正确进行 G120 变频器安装及参数设置。 素养目标：1. 团队协作。2. 绿色节能。3. 工程实践。				

任务资讯(准备)（20分）		笔记栏
知识准备	1. 什么叫传送带，如何分类？（4分） 2. 传送带控制系统主要由哪些部分组成？（4分） 3. 说明传送带控制系统的工作原理。（6分） 4. G120变频器主要由哪些模块组成，各模块有什么用？（6分）	
实训器具准备	1. 实训设备。（4分） G120变频器。 2. 工具。（2分） 3. 仪器仪表。（2分）	
场地准备	1. 写出准备内容。（2分） 2. 实训室卫生。 3. 实训室通风。 4. 实训台清理。	

任务设计、实施与汇报(80分)					笔记栏
任务设计 (10分)	根据需要选择G120变频器各模块型号,并画出传送带控制系统拓扑结构图。(10分)				
任务实施与汇报 (60分)	任务实施步骤: 1. 团队组建与成员分工。(5分) 2. 进行G120变频器的面板操作(写出操作步骤)。(15分) 3. 设置变频器参数(写出操作步骤)。(15分) 表7-1-1 变频器参数设置				
	参数号	参数描述	设定值	设定说明	
	P730	端子D00的信号源 (端子19/20常开)	52.2	变频器运行使能	
	P0732	端子D02的信号源 (端子23/25常闭)	52.3	变频器故障	
	P845[0]	停车命令指令源2	722.1	数字量输入DI1 定义为OFF2命令	
	P1080	最低频率	0	根据实际需要	
	P1082	最高频率	50		
	P1120	加速时间	0.5	根据实际需要修改	
	P1121	减速时间	0.5		
	4. 任务展示汇报。(15分) 5. 场地清理。(10分)				
存在问题及解决办法 (10分)					

任务考评				
评分项	分值	作答及操作要求	评分标准	得分
任务资讯	20	问题回答清晰准确，能够紧扣主题，没有明显错误项	对照标准答案错误一项扣1分，扣完为止	
任务设计与实施	55	操作规范，变频器面板操作方法正确，废料处理符合环保要求	任务设计10分	
			组建团队及成员分工分	
			G120变频器面板操作15分	
			设置变频器参数15分	
			场地清理10分	
任务展示汇报	15	语言简练、思路清晰、操作规范、方法正确	语言表达不清扣2分，操作错误一处扣1~3分，扣完为止	
存在问题及解决办法	10	问题合理、解决方法正确合理	解决方法错误一处扣2分，扣完为止	
合计				

相关知识	笔记栏

传送带广泛应用于工业生产中,利用变频器可以实现传送带的启动、停止、正反转及速度控制,控制方便且节能。

一、传送带的应用背景

1. 传送带的概念

见图 7-1-1,传送带也叫带式输送机,是连续运输机的一种,特点是形成装载点到装载点之间的连续物料流,靠连续物料流的整体运动来完成物流从装载点到卸载点的输送。

图 7-1-1 传送带实物

2. 传送带的分类

传送带一般按有无牵引件来进行分类。

(1) 具有牵引件的传送带。一般包括牵引件、承载构件、驱动装置、张紧装置、改向装置和支承件等。牵引件用以传递牵引力,可采用输送带、牵引链或钢丝绳;承载构件用以承放物料,有料斗、托架或吊具等;驱动装置给输送机以动力,一般由电动机、减速器和制动器(停止器)等组成;张紧装置一般有螺杆式和重锤式两种,可使牵引件保持一定的张力和垂度,以保证传送带正常运转;支承件用以承托牵引件或承载构件,可采用托辊、滚轮等。

具有牵引件的传送带设备的结构特点是:被运送物料装在与牵引件连结在一起的承载构件内,或直接装在牵引件(如输送带)上,牵引件绕过各滚筒或链轮首尾相连,形成包括运送物料的有载分支和不运送物料的无载分支的闭合环路,利用牵引件的连续运动输送物料。

这类的传送带设备种类繁多,主要有带式输送机、板式输送机、小车式输送机、自动扶梯、自动人行道、刮板输送机、埋刮板输送机、斗式输送机、斗式提升机、悬挂输送机和架空索道等。

(2) 没有牵引件的传送带。其结构组成各不相同,用来输送物料的工作构件也不相同。它们的结构特点是:利用工作构件的旋转运动或往复运动,或利用介质在管道中的流动使物料向前输送。例如,辊子输送机的工作构件为一系列辊子,辊子作旋转运动以输送物料;螺旋输送机的工作构件为螺旋,螺旋在料槽中作旋转运动以沿料槽推送物料;振动输送机的工作构件为料槽,料槽作往复运动以输送置于其中的物料等。

相关知识	笔记栏
3. 传送带的发展与应用 未来传送带设备将向着大型化发展、扩大使用范围、物料自动分拣、降低能量消耗、减少污染等方面发展。大型化包括大输送能力、大单机长度和大输送倾角等几个方面。水力输送装置的长度已达440 km，带式输送机的单机长度已近15 km，并已出现由若干台组成联系甲乙两地的"带式输送道"。不少国家正在探索长距离、大运量连续输送物料的更完善的输送机结构。扩大输送机的使用范围，是指发展能在高温、低温条件下有腐蚀性、放射性、易燃性物质的环境中工作的，以及能输送炽热、易爆、易结团、黏性物料的传送带设备。 常见传送带有TD75型和DTⅡ型传送带。带式输送机带式传送机是在一定的线路上连续输送物料的物料搬运机械，又称连续输送机。输送机可进行水平、倾斜和垂直输送，也可组成空间输送线路，输送线路一般是固定的。输送机输送能力大，运距长，还可在输送过程中同时完成若干工艺操作，应用十分广泛。 **二、传送带控制系统的组成与原理** 1. 传送带控制系统的组成 传送带控制系统主要由触摸屏、PLC、变频器及交流伺服电动机组成。 2. 传送带控制系统的原理 传送带控制系统以PLC作为整个系统的控制核心。利用触摸屏将正转、反转、停止指令及给定速度传输给PLC，PLC再将控制信号通过控制字的方式传输给变频器，通过变频器控制电动机的正转、反转、停止及速度，从而带动传送带运行。 **三、G120变频器的基本操作** 1. G120变频器的结构 G120变频器主要由操作面板、控制单元、功率模块组成。根据驱动要求的不同，功率模块有PM240-2、PM240-2穿透型、PM250型等。 控制单元可通过各种控制方式对电动机进行控制。除控制功能外，控制单元还可执行其他任务，通过参数设置来满足相关应用的要求。CU240E-2系列控制单元，适用于一般机械工程中的标准应用；CU250S-2系列控制单元，适用于一般机械工程中的高性能应用；CU230P-2系列控制单元，适用于泵、风机和压缩机等负载。 操作面板根据需求有IOP-2智能面板、BOP-2基本面板、智能接入模块等形式。借助于IOP-2智能型操作面板，可进行快速的本地调试和故障诊断并直观操作G120变频器，运行期间的设置调整得到简化。用户可通过直观的中央多功能传感器控制面板来选择设置。BOP-2基本型操作面板的菜单操作和2行显示屏便于G120变频器的本地调试。该显示屏可同时显示参数和参数值并进行参数过滤，无须使用打印出来的参数列表，即可方便地对变频器进行调试。 2. G120变频器控制单元端口 主要有数字量输入端口、模拟量输入端口、操作面板接口、功率模块接口、通信接口等。	 传送带系统的组成  G120变频器实物  G120变频器原理框图 G120变频器控制单元端口

实操任务布置	笔记栏
G120 变频器的基本操作 G120 变频器操作面板 BOP-2 用于变频器参数设置、模式选择、电动机启停控制等。直接在现场操作变频器，可以在自动和手动操作之间简单切换，可使用克隆功能进行标准调试,2 行显示屏可以显示最多 2 个带文本的过程值,通过 7 段显示屏的菜单提示进行诊断。	G120 变频器 BOP 面板 G120 变频器操作面板按键功能

任务二　PLC 控制传送带实现变频调速

任务实施人员信息						
姓名		学号		专业班级		
隶属组		组长		伙伴成员		
任务简介						
任务名称	PLC 控制传送带实现变频调速			课时规划		2
项目名称	变频器在传送带中的应用			所属课程		变频器应用技术
考核点	1.博途软件操作　2.PROFINET 通信					
任务内容介绍	任务描述： PLC 控制传送带实现变频调速,使用博途软件进行设备组态与 PLC 编程,PLC 与变频器之间采用 PROFINET 通信。该任务主要介绍博途软件以及 PROFINET 通信。学习该任务后,应能够掌握博途软件的基本操作,能够进行 PLC 与变频器 PROFINET 连线、设置与编程。 任务分析： TIA portal(中文译名为博途)几乎适用于所有自动化任务。PROFINET 是新一代基于工业以太网技术的自动化总线标准,可以完全兼容工业以太网和现有的现场总线技术(例如 PROFIBUS)。PLC 与变频器之间采用 PROFINET 通信,可简化 PLC 与变频器之间的连线,仅用一根以太网线即可完成变频器的所有控制。 任务要求： (1)正确熟练地使用博途软件。 (2)正确地进行 PLC 与变频器组态。 (3)正确地进行 PLC 与变频器之间 PROFINET 通信。 (3)边操作边讲解进行任务展示,2 人一个小组,成员协作完成。					
任务目标	知识目标： 1.了解博途软件的功能与用途以及 PROFINET 通信的特点。 2.熟悉博途软件的基本操作,掌握 PLC 与变频器 PROFINET 通信的方法。 能力目标： 能够正确使用博途软件,进行 PLC 与变频器 PORFINET 连线、设置与编程。 素养目标： 1.团队协作。2.绿色节能。3.工程实践。					

任务资讯(准备)(20分)		笔记栏
知识准备	1.博途软件的功能与作用是什么？(4分) 2.什么是 PROFINET 通信？(4分) 3.PROFINET 通信与以太网通信相比有什么特点？(6分) 4.G120 变频器状态控制字有哪些,分别代表什么含义？(6分)	
实训器具准备	1.实训设备(4分) 博途软件、S7-1200 系列 PLC、西门子 G120 变频器、以太网线。 2.工具。(2分) 3.仪器仪表。(2分)	
场地准备	写出准备内容(含实训室卫生、实训室通风、实训台清理)。(2分)	

任务设计、实施与汇报(80分)		笔记栏
任务设计(10分)	根据需要选择PLC与变频器型号,并画出PLC与变频器PROFINET通信拓扑结构图。(10分)	
任务实施与汇报(60分)	任务实施步骤: 1.团队组建与成员分工(5分)。 2.通过博途软件进行设备的组态编程(写出操作步骤)(15分)。 3.进行PLC与变频器连线及变频器参数设置(写出操作步骤)。(15分) 4.任务展示汇报。(15分) 5.场地清理。(10分) 注意事项: 1.正确进行PLC与变频器连线。 2.认真阅读变频器使用要求,并按照要求接线、安装和使用。 3.注意团队协作、环境卫生和废料的环保处理。	
存在问题及解决办法(10分)		

任务考评				
评分项	分值	作答及操作要求	评分标准	得分
任务资讯	20	问题回答清晰准确,能够紧扣主题,没有明显错误项	对照标准答案错误一项扣1分,扣完为止	
任务设计与实施	55	博途软件操作熟练,连线操作规范,变频器参数设置正确,废料处理符合环保要求	任务设计10分	
			组建团队及成员分工5分	
			G120变频器面板操作15分	
			设置变频器参数15分	
			场地清理10分	
任务展示汇报	15	语言简练、思路清晰、操作规范、方法正确	语言表达不清扣2分,操作错误一处扣1~3分,扣完为止	
存在问题及解决办法	10	问题合理、解决方法正确合理	解决方法错误一处扣2分,扣完为止	
合计				

相关知识	笔记栏
一、博途软件简介 全集成自动化软件 TIA 博途作为软件工程组态包的基础,可对西门子全集成自动化中所涉及的所有自动化和驱动产品进行组态、编程和调试。TIA 博途平台在所有组态界面间提供高级共享服务,向用户提供统一的导航并确保系统操作的一致性。在此共享软件平台中,项目导航、库概念、数据管理、项目存储、诊断和在线功能等作为标准配置提供给用户。统一的软件开发环境由可编程控制器、人机界面和驱动装置组成,有利于提高整个自动化项目的效率。 此外,TIA 博途在控制参数、程序块、变量、消息等数据管理方面,所有数据只需输入一次,大大减少了自动化项目的软件工程组态时间,降低了成本。 TIA 博途的设计基于面向对象和集中数据管理,避免了数据输入错误,实现了无缝的数据一致性。使用项目范围的交叉索引系统,用户可在整个自动化项目内轻松查找数据和程序块,极大地缩短了软件项目的故障诊断和调试时间。 TIA 博途采用新型、统一软件框架,可在同一开发环境中组态西门子的所有可编程控制器、人机界面和驱动装置。在控制器、驱动装置和人机界面之间建立通信时的共享任务,可大大降低连接和组态成本。 二、变频器 PROFINET 通信控制 1. PROFINET 简介 根据响应时间的不同,PROFINET 支持 TCP/IP 标准通信、实时(Real Time,RT)通信和等时同步实时(Isochronous Real-Time)通信三种通信方式。网络中的每个 PROFINET 设备均通过其 PROFINET 接口进行唯一标识。为此,每个 PROFINET 接口具有一个 MAC 地址(出厂默认值)和一个 IP 地址,还具有一个 PROFINET 设备名称。 2. PROFINET 与以太网的区别 (1)实时性不同。RROFINET(实时以太网)基于工业以太网,具有很好的实时性,可以直接连接现场设备(使用 PROFINET IO),使用组件化的设计,PROFINET 支持分布的自动化控制方式(PROFINET CBA,相当于主站间的通信)。 (2)使用协议不同。以太网应用到工业控制场合后,经过改进使用于工业现场的以太网,就成为工业以太网,这样所使用的 TCP 和 ISO 就是应用在工业以太网上的协议。PROFINET 同样是西门子 SIMATIC NET 中的一个协议,是众多协议的集合,其中包括 PROFINET IO RT、CBA RT、IO IRT 等实时协议。 (3)特点不同。PROFINET 是一种新的以太网通信系统,是由西门子公司和 Profibus 用户协会开发。PROFINET 具有多制造商产品之间的通信能力,自动化和工程模式,并针对分布式智能自动化系统进行了优化。其应用结果能够大大节省配置和调试费用。PROFINET 系统集成了基于 Profibus 的系统,提供了对现有系统投资的保护。它也可以集成其他现场总线系统。 工业以太网是基于 IEEE 802.3 (Ethernet)的强大的区域和单元网络。工业以太网提供了一个无缝集成到新的多媒体世界的途径。	 博图软件界面菜单工具条及有关操作  博图软件操作

相关知识	笔记栏
企业内部互联网(Intranet)、外部互联网(Extranet)以及国际互联网(Internet)提供的广泛应用不但已经进入今天的办公室领域,而且可以应用于生产和过程自动化。 三、G120 变频器通信控制字 1. 常用的通信控制字 (1)变频器状态控制字 QW68 16#047F(正转)/0C7F(反转) 16#047E(停止) 16#47FE==报警清除(04FE) (2)速度控制字 QW70 16#4000==50HZ(频率) 标准化:16384(16#4000)对应于 100% 的速度,32767 对应于 200% 的速度。参数 p2000 中设置 100% 对应的参考转速。 2. S7-1200 PLC 的 I/O 地址和 G120 变频器过程数据对应关系如下: 	数据方向	PLC的I/O地址	变频器过程数据	数据类型
---	---	---	---
PLC→变频器	QW68	PZD1-控制字1(STW1)	16进制(16Bit)
	QW70	PZD2-主设定值(NSOLL_A)	有符号整数(16Bit)
变频器→PLC	IW68	PZD1-状态字1(ZSW1)	16进制(16Bit)
	IW70	PZD2-实际转速(NIST_A)	有符号整数(16Bit)		PLC 与 G120 变频器的 PROFINET 通信

实操任务布置	笔记栏
1. 通过博途软件进行设备的组态编程(写出操作步骤)。 2. 进行 PLC 与变频器连线及变频器参数设置(写出操作步骤)。	PLC 与变频器的配合控制

任务三　组态控制传送带实现变频调速

任务实施人员信息					
姓名		学号		专业班级	
隶属组		组长		伙伴成员	
任务简介					
任务名称	组态控制传送带实现变频调速		课时规划		2
项目名称	变频器在传送带中的应用		所属课程		变频器应用技术
考核点	触摸屏组态、PLC 编程、PROFINET 通信				
任务内容介绍	任务描述： 组态控制传送带实现变频调速，该任务主要使用博途软件进行触摸屏、PLC、变频器等设备的组态与编程。学习该任务后，应能够熟练操作博途软件，能够进行触摸屏、PLC 与变频器 PROFINET 连线、设置与编程。 任务分析： 触摸屏的应用可以代替启动、停止、正转反转按钮，可以根据需要输入工作频率，且可以通过触摸屏实时查看变频器及系统状态。触摸屏、PLC、变频器之间采用 PROFINET 通信，各控制用以太网线进行连接，简化连接线路。 任务要求： (1)正确熟练地使用博途软件。 (2)正确地进行触摸屏的设置与组态。 (3)正确地进行 PLC、触摸屏、变频器之间 PROFINET 通信。 (3)边操作边讲解进行任务展示，2 人一个小组，成员协作完成。				
任务目标	知识目标： 1.了解传送带控制系统的硬件组成与选择。 2.掌握传送带控制系统的设备组态、编程与参数设置。 3.熟悉博途软件的操作。 能力目标： 1.能够正确使用博途软件。 2.能够进行传送带控制系统设备的组态、编程与参数设置。 素养目标：1.团队协作。2.绿色节能。3.工程实践。				

	任务资讯（准备）（20分）	笔记栏
知识准备	1. G120 变频器参数设置可以通过哪些方式进行？（4分） 2. 下载设备组态和程序到设备时，如果设备比较多，如何判断哪一个是正确的设备？（4分） 3. 西门子 PLC 与变频器之间如何实现 Profinet 通信？（3分） 4. 如何制作 HMI 控制画面？（3分）	
实训器具准备	1. 实训设备。（2分） 博途软件、S7-1200 系列 PLC、西门子 TP700 系列触摸屏、西门子 G120 变频器、以太网线。 2. 工具。（2分） 3. 仪器仪表。（2分）	
场地准备	写出准备内容（含实训室卫生、实训室通风、实训台清理）。（2分）	

任务设计、实施与汇报(80分)		笔记栏
任务 设计 (10分)	根据电动机参数确定变频器参数。(10分)	
任务 实施 与 汇报 (60分)	任务实施步骤： 1. 团队组建与成员分工。(5分) 2. 通过博途软件进行设备的组态编程(写出操作步骤)。(15分) 3. 进行PLC与变频器连线及变频器参数设置(写出操作步骤)。(15分) 4. 任务展示汇报。(15分) 5. 场地清理。(10分) 注意事项： 1. 正确进行PLC与变频器连线。 2. 认真阅读变频器使用要求，并按照要求接线、安装和使用 3. 注意团队协作、环境卫生和废料的环保处理。	
存在 问题 及 解决 办法 (10分)		

任务考评

评分项	分值	作答及操作要求	评分标准	得分
任务资讯	20	问题回答清晰准确,能够紧扣主题,没有明显错误项	对照标准答案错误一项扣1,扣完为止	
任务设计与实施	55	博途软件操作熟练,连线操作规范,变频器参数设置正确,废料处理符合环保要求	任务设计10分	
			组建团队及成员分工5分	
			G120变频器面板操作15分	
			设置变频器参数15分	
			场地清理10分	
任务展示汇报	15	语言简练、思路清晰、操作规范、方法正确	语言表达不清扣2分,操作错误一处扣1~3分,扣完为止	
存在问题及解决办法	10	问题合理、解决方法正确合理	解决方法错误一处扣2分,扣完为止	
合计				

相关知识

组态控制传送带实现变频调速,对触摸屏、PLC、变频器等设备进行组态与编程。触摸屏的应用可以代替启动、停止、正转反转按钮,可以根据需要输入工作频率,且可以通过触摸屏实时查看变频器及系统状态。触摸屏、PLC、变频器之间采用PROFINET通信,各控制部分用以太网线进行连接,简化连接线路。

笔记栏

硬件配置与变频器设置

传送带系统设备组态与编程

G120变频器的参数设置

实操任务布置

组态下载与运行调试
1. 组态下载。
2. 运行调试。设备上电,切换PLC在RUN状态。
调节触摸屏给定速度在25~75之间,轻触触摸屏正转、反转、停止按钮观察传送带运行状态。
在正转或反转状态下调节触摸屏给定速度为100、50、25,观察输出实际速度是否为频率对应的十六进制代码16#4000、16#2000、16#1000。

笔记栏

组态下载

传送带运行调试

项目八 变频器在恒压供水系统中的应用

任务一 变频恒压供水系统简介

任务实施人员信息					
姓名		学号		专业班级	
隶属组		组长		伙伴成员	
任务简介					
任务名称	变频恒压供水系统简介			课时规划	2
项目名称	变频器在恒压供水系统中的应用			所属课程	变频器应用技术
考核点	变频恒压供水系统结构及工作原理、V20变频器快速调试				
任务内容介绍	任务描述： 利用V20变频器,实现变频恒压供水系统的控制,保证5层以上楼宇住户正常用水。 任务分析： 变频恒压供水系统是一种对水泵机组进行转速调节,从而实现恒压供水的一体化系统。其中,变频器是恒压供水系统的核心控制器。V20变频器具有调试过程快捷、易于操作、稳定可靠以及经济高效的特点。 任务要求： (1)了解恒压供水背景。 (2)掌握变频恒压供水系统的结构及工作原理。 (3)了解V20变频器系统的基础知识、特点及典型应用。 (4)掌握V20变频器BOP面板基础操作。 (5)掌握V20变频器快速调试并小组实操演练。				
任务目标	知识目标： 1.了解恒压供水系统的背景、结构及工作原理。 2.了解V20变频器基础知识。 能力目标： 能够进行V20变频器快速调试。 素养目标： 1.团队协作。2.绿色节能。3.工程实践。				

	任务资讯(准备)（20分）	笔记栏
知识准备	1. 供水系统的分类及特点？（3分） 2. 变频恒压供水系统的结构及工作原理各是什么？（3分） 3. V20 变频器的特点是什么，有哪些典型应用？（4分）	
实训器具准备	1. 实训设备。（4分） 2. 工具。（2分） 3. 仪器仪表。（2分）	
场地准备	写出准备内容。（2分）	

任务设计、实施与汇报(80分)		笔记栏
任务设计(10分)	1. 画出恒压供水系统结构图,并写出各部分的功能。(5分) 2. 写出 V20 变频器快速调试的步骤,并写出参数设置。(5分)	
任务实施与汇报(60分)	任务实施步骤: 1. 团队组建与成员分工。(2分) 2. 进行 V20 变频器电路接线。(5分) 3. 设置快速调试操作步骤(写出操作步骤) (1)将变频器复位为默认设定值。(2分) (2)快速调试。(4分) (3)设定电动机参数。(22分) (4)准备启动。(2分) 4. 使用 BOP 面板对电动机进行启停操作、参数查看。(2分) 5. 设置不同的加减速模式,观察输出频率的变化情况。(2分) 6. 任务展示汇报。(16分) 7. 场地清理。(3分) 注意事项: 1. 面板位操作的方法 2. P1900=0、P1900=2 的区别。 3. BOP 面板的标志图标识别。 4. 注意团队协作、环境卫生和废料的环保处理。	
存在问题及解决办法(10分)		

任务考评					
评分项	分值	作答及操作要求	评分标准		得分
任务资讯	20	问题回答清晰准确,能够紧扣主题,没有明显错误项	对照标准答案错误一项扣1分,扣完为止		
任务设计与实施	54	操作规范,万用表挡位选择适当、使用方法正确,废料处理符合环保要求	任务设计10分		
			组建团队及成员分工2分		
			进行主电路接线5分		
			设置变频器参数30分		
			用外部端子控制电动机的启停和正/反转,并用面板进行调速2分		
			设置不同的加减速模式,观察输出频率的变化情况2分		
			场地清理3分		
任务展示汇报	16	语言简练、思路清晰、操作规范、方法正确	语言表达不清扣2分,操作错误一处扣1~3分,扣完为止		
存在问题及解决办法	10	问题合理、解决方法正确合理	解决方法错误一处扣2分,扣完为止		
合计					

相关知识	笔记栏

一、恒压供水系统应用背景

1. 常见供水方式

(1) 水池-水泵-水塔(高位水箱)-用水点(图8-1-1)。以前的单幢高层建筑的高压供水区较多采用该种方案。一般需要设计一座地下水池,通过两台水泵(一用一备)抽水送至水塔(高位水箱),再由其向下供水至各用水点。

图8-1-1　水池-水泵-水塔(高位水箱)-用水点供水方式

(2) 水池-水泵(恒压变频)-管网系统-用水点(图8-1-2)。对于多幢住宅的建筑小区,较多采用此种供水方案。一般设计集中恒压变频供水泵房,主水泵一般有3~4台,三用一备自动切换,辅助泵为一小流量泵,夜间用水量小时主泵自动切换到辅助泵,以维持系统压力基本不变。

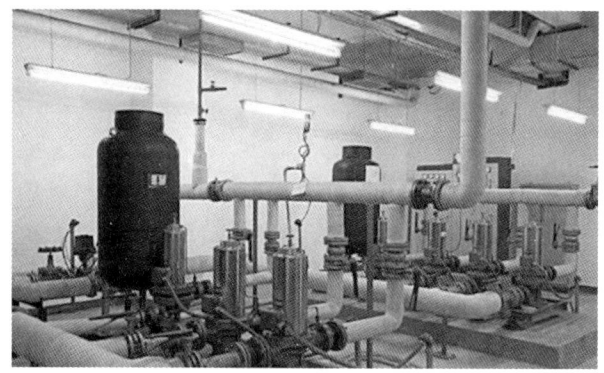

图8-1-2　水池-水泵(恒压变频)-管网系统-用水点

2. 变频恒压供水概述

高层小区一般采用分区供水方式,通常分低区、中区、高区。低区是1~4楼是市政直接供水,5楼以上又分中区和高区,是不能直供水,需要使用水泵加压供水(图8-1-3)。

相关知识	笔记栏

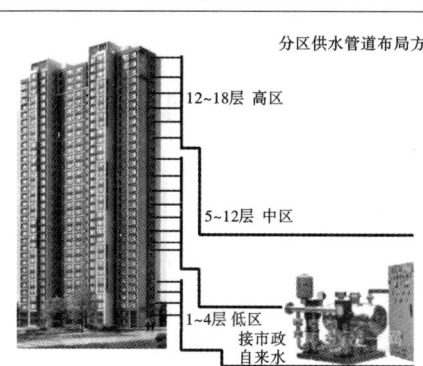

图 8-1-3　高层小区分区供水方式

3.变频恒压供水的优点

变频恒压供水系统是目前广泛使用的供水方式,具有节电、节水、运行可靠等优点。

(1)节电。使水泵最大限度的优化节能方式运行。

(2)节水。根据实际用水量可设定管网压力,控制水泵出水量。

(3)运行可靠。水泵软启动,对管网和电网冲击小。

(4)联网功能。可对运行数据进行在线检测。

(5)保护功能完善。具有过压、短路等多种保护功能。

4.变频恒压供水应用范围

(1)高层建筑、城镇居民小区、企事业等生活用水。

(2)各类工厂工业用水。

(3)水厂、污水处理厂、农业排灌站等供水系统。

(4)空调冷热水循环系统。

二、变频恒压供水系统的组成及原理

变频恒压供水系统是一种对水泵机组进行转速调节,从而实现恒压供水的智能型机电一体化系统,由水泵、电控柜、变频器、PLC、压力传感器(或远传压力表)、气压罐及其他附件组成(图8-1-4)。

若要实现恒压供水,根据闭环控制的设计策略,最直接的方法是引入压力闭环控制。根据闭环的位置,可以将实际压力直接送给变频器实现闭环,也可以将实际压力检测后送给PLC实现闭环。

将实际压力直接送给变频器实现闭环时,通过压力传感器检测管网压力,经变频器内置PID调节器运算后,调节输出频率,实现管网的恒压供水。

将实际压力检测后送给PLC实现闭环时。通过压力传感器检测管网压力,将压力信号送给PLC,由PLC进行PID运算,将需要频率送给变频器,由变频器控制水泵,同时PLC可实现逻辑控制和数据传输。

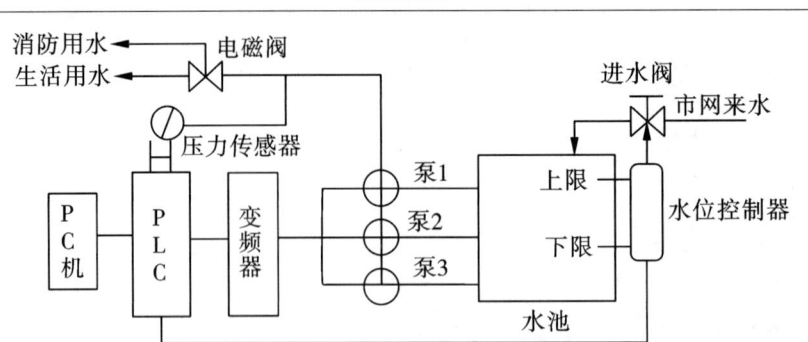

图 8-1-4 变频恒压供水系统的组成

三、V20 变频器

1. V20 变频器概述

V20 变频器是西门子推出的基本型变频器,有九种尺寸可供选择,输出功率为 0.12～30 kW。其中,V20 三相 400 V 变频器提供四种外形尺寸,功率为 0.37～15 kW;V20 单相 230 V 变频器提供三种外形尺寸,功率为 0.12～3 kW。

2. V20 变频器的特点

(1) 易于安装

1) 穿墙式安装和壁挂式安装,均允许并排安装。

2) USS 和 MODBUS RTU 通信端子。

3) 7.5～30 kW 变频器集成制动单元。

4) 符合电磁兼容性(EMC)C1/C2 等级。

(2) 易于使用

1) 无须连接主电源即可实现参数载入。

2) 内置应用宏与连接宏。

3) 异常不停机模式可以实现无间断运行。

4) 手机、平板等移动设备可轻松地通过无线连接 V20 变频器,调试操作直观高效。

5) 较宽的电压范围、先进的冷却设计以及涂层 PCB 大大提升了变频器的稳定性。

(3) 节约成本

1) 用于 V/f、V^2/f 的节能模式,休眠模式。

2) 支持能耗和流量监控。

3) 针对外形尺寸 E 的重载模式和轻载模式。

3. V20 变频器典型应用

(1) 泵、风机、压缩机

1) 电源故障后的自动再启动和捕捉再启动功能保证变频器的高可用性。

2) 水泵气穴保护、防堵功能。

3) PID 控制(例如,温度、压力、流量)。

4) 多泵级联控制可以增加两个固定转速的驱动。

(2) 输送机、传送带

1) 轻缓、平稳的加速,减少对齿轮单元、轴承、滚筒和辊轴的压力。

V20 变频器实物

相关知识	笔记栏
2)大的启动转矩。3)通过制动电阻或者直流制动实现快速停车。 4)通过监控负载转矩实现皮带断带检测。 (3)加工制造业、商业电器设备 1)霜冻和冷凝保护功能防止电动机在极端环境条件下受潮。 2)异常不停机模式能够保证不间断的加工生产,从而提高了生产效率。 3)通过共直流母线实现再生能量交换。 4)大的启动转矩适用于一些需求大启动转矩的场合。 4. V20 变频器选件 V20 变频器不仅提供的非常丰富的型号,还提供多种外设和选件,方便在设计系统时选择使用。 四、V20 变频器 BOP 面板简介 V20 变频器自带一个基本操作面板,通过此面板可实现对变频器进行参数设置、启停控制、状态显示和参数显示等功能。V20 变频器 BOP 面板如图 8-1-5 所示。 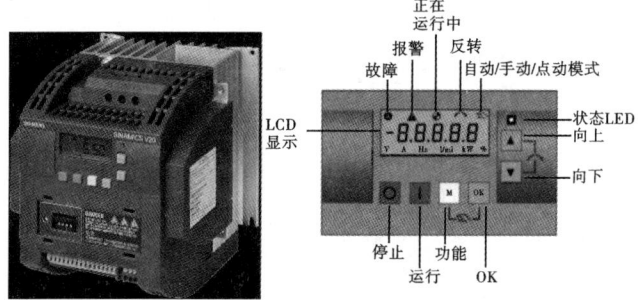 图 8-1-5 V20 变频器 BOP 面板 1. 按钮功能 V20 变频器 BOP 面板上自带有变频器启停按钮、多功能按钮、确认按钮、上下调整按钮等,按钮有短按、长按、组合按等多种使用方法。 2. BOP 面板状态图标 BOP 面板上有一个 LED 指示灯,可以指示变频器运行状态。 3. V20 变频器菜单结构 在 V20 变频器初次上电时,显示 50 Hz/60 Hz 频率选择菜单,V20 变频器主菜单包括显示菜单、设置菜单和参数菜单,它们之间可以使用按钮进行切换。 50 Hz/60 Hz 选择菜单仅在变频器首次开机时或工厂复位后(P0970)可见。用户可以通过 BOP 选择频率或者不做选择直接退出该菜单。在此情况下,该菜单只有在变频器进行工厂复位后才会再次显示。 五、V20 变频器恢复出厂设置 在对变频器进行操作前,一般需要对变频器进行恢复出厂设置,然后在默认出厂设置的基础上进行其他参数的调整。 1. 恢复出厂默认设置(表 8-1-1)。	 V20 变频器选件  V20 变频器面板介绍1  V20 变频器面板介绍2  V20 变频器BOP 面板按钮功能  V20 变频器状态图标 V20 变频器菜单结构

相关知识			笔记栏
表 8-1-1　出厂默认设置			V20 变频器快速调试
参数	功能	设置	
P0003	用户访问级别	=1（标准用户访问级别）	
P0010	调试参数	=30（出厂设置）	
P0970	工厂复位	=21：参数复位为出厂默认设置并清除用户默认设置（如已存储）	

2. 恢复用户默认设置（图 8-1-2）。

表 8-1-2　用户默认设置

参数	功能	设置
P0003	用户访问级别	=1（标准用户访问级别）
P0010	调试参数	=30（出厂设置）
P0970	工厂复位	=1：参数复位为用户默认设置（如已存储），否则复位为出厂默认设置

3. 恢复默认设置的操作步骤

(1) 接通变频器电源并从显示菜单开始。

(2) 短按 M 小于 2 s 切换至参数菜单。

(3) 按下 ▲ 或 ▼ 选择 P0010 并按下 OK 设置 P0010=30。

(4) 按下 ▲ 选择 P0970 并按下 OK 设置 P0970=1 或 P0970=21。

实操任务布置	笔记栏
V20 变频器快速调试 1. 任务要求 (1)正确设置变频器输出的额定频率、额定电压、额定电流、额定功率、额定转速。 (2)通过 BOP 面板对 V20 变频器进行快速调试,并启停电动机。 (3)用面板给定方式来控制变频器的频率。 2. 任务实施步骤 (1)按图 8-1-6 所示连接电路。 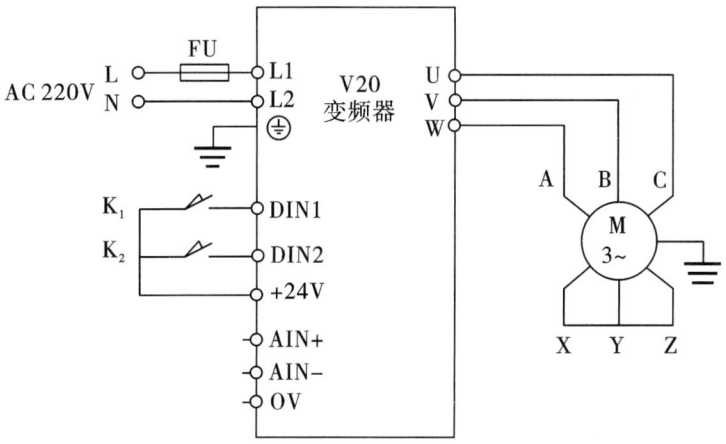 图 8-1-6 V20 变频器连接电路 (2)仔细检查无误后,接通变频器电源。 (3)设置变频器参数。 1)设置参数前先将变频器参数复位为工厂的默认设定值。 2)设定 P0003=2,允许访问扩展参数。 3)选择电源频率为 50 Hz。 4)设定电动机参数如表 8-1-3 所列。 5)设置连接宏 CN000。 6)设置应用宏为 AP000。 7)设置变频器常用参数(表 8-1-4)。 8)退出快速调试。 (4)按下启动按钮对电动机进行自动识别参数。 (5)对电动机进行启停操作和调节频率。 (6)设置不同的加减速模式,观察输出频率的变化情况。	 V20 变频器 快速调试实 操 1  V20 变频器 快速调试实 操 2

实操任务布置

表 8-1-3 电动机参数

参数	描述	数值
P0304[0]	电动机额定电压	380 V
P0305[0]	电动机额定电流	0.96 A
P0307[0]	电动机额定功率	0.37 kW
P0308[0]	电动机额定功率因数	0.64
P0310[0d]	电动机额定频率	50 Hz
P0311[0]	电动机额定转速	2800 r/min

表 8-1-4 变频器常用参数

参数	描述	数值	参数	描述	数值
P1080[0]	最小电机频率	0	P1001[0]	固定频率设定值1	
P1082[0]	最大电机频率	50	P1002[0]	固定频率设定值2	
P1120[0]	斜坡上升时间	10	P1003[0]	固定频率设定值3	
P1121[0]	斜坡下降时间	10	P2201[0]	固定PID频率设定值1	
P1058[0]	正向点动频率	5	P2202[0]	固定PID频率设定值2	
P1060[0]	点动斜坡上升时间	10	P2203[0]	固定PID频率设定值3	
P1061[0]	点动斜坡下降时间	10			

笔记栏

任务二 变频器控制水泵启停原理

任务实施人员信息					
姓名		学号		专业班级	
隶属组		组长		伙伴成员	
任务简介					
任务名称	变频器控制水泵启停原理		课时规划		2
项目名称	变频器在恒压供水系统中的应用		所属课程		变频器应用技术
考核点	V20变频器BOP面板控制水泵启停、V20变频器外部端子控制水泵启停				
任务内容介绍	任务描述： 若要实现变频恒压供水，首先要实现变频器控制水泵启停和输出转速，调节供水压力。而变频器启动水泵最简单的方法是使用BOP面板控制水泵，其次是利用外部端子控制水泵启停。 任务分析： 在变频器控制水泵启停的最直接方式便是使用V20变频器自带的BOP面板。为了实现此功能，只需要将V20变频器连接宏选择CN001时，BOP面板被选成了唯一控制源，同时由于控制对象是水泵，应用宏可选择AP010，即普通水泵应用。 在变频器外部接启停按钮和电位器，可以通过按钮让变频器控制电动机启停，用电位器调节变频器输出频率，从而控制水泵转速。当V20变频器连接宏选择CN002时，可实现外部端子控制，应用宏选择AP010。 任务要求： (1)正确使用CN001连接宏。 (2)正确使用CN002连接宏。 (3)正确使用AP010应用宏。 (4)使用BOP面板控制水泵并小组实操演练。 (5)利用外部端子控制水泵启停并小组实操演练。				
任务目标	知识目标： 1.掌握连接宏CN001和CN002。 2.掌握应用宏AP010。 能力目标： 1.能够进行V20变频器BOP面板控制水泵启停。 1.能够进行V20变频器外部端子控制水泵启停。 素养目标： 1.团队协作。2.绿色节能。3.工程实践。				

	任务资讯(准备)(20 分)	笔记栏
知识准备	1. 连接宏的作用是什么？（3 分） 2. 应用宏的作用是什么？（3 分） 3. 描述 V20 变频器 BOP 面板控制水泵启停和 V20 变频器外部端子控制水泵启停原理。（4 分）	
实训器具准备	1. 实训设备。（4 分） 2. 工具。（2 分） 3. 仪器仪表。（2 分）	
场地准备	写出准备内容。（2 分）	

	任务设计、实施与汇报(80分)	笔记栏
任务 设计 (10分)	1. 写出 V20 变频器 BOP 面板控制水泵启停步骤。(5分) 2. 写出 V20 变频器外部端子控制水泵启停步骤。(5分)	
任务 实施 与 汇报 (60分)	任务实施步骤： 1. 团队组建与成员分工。(2分) 2. 进行 V20 变频器电路接线(BOP 面板控制和外部端子控制)。(5分) 3. 设置快速调试操作步骤(写出操作步骤)。 (1)将变频器复位为工厂的默认设定值。(2分) (2)快速调试。(4分) (4)设定电动机参数。(22分) (5)准备启动。(2分) 4. 对电动机进行启停操作、参数查看(BOP 面板控制和外部端子控制)。(2分) 5. 设置不同的加减速模式，观察输出频率的变化情况(BOP 面板控制和外部端子控制)。(2分) 6. 任务展示汇报。(16分) 7. 场地清理。(3分) 注意事项： 当调试变频器时，连接宏设置为一次性设置。在更改上次的连接宏设置前，务必执行以下操作： 1. 对变频器进行工厂复位(P0010 = 30,P0970 = 1)。 2. 重新进行快速调试操作并更改连接宏。 如未执行上述操作，变频器可能会同时接受更改前后所选宏对应的参数设置，从而可能导致变频器非正常运行。	
存在 问题 及 解决 办法 (10分)		

任务考评					
评分项	分值	作答及操作要求	评分标准		得分
任务资讯	20	问题回答清晰准确,能够紧扣主题,没有明显错误项	对照标准答案错误一项扣1分,扣完为止		
任务设计与实施	54	操作规范,万用表挡位选择适当、使用方法正确,废料处理符合环保要求	任务设计10分		
			组建团队及成员分工2分		
			进行主电路接线5分		
			设置变频器参数30分		
			用BOP面板和外部端子控制电动机的启停和正/反转,并用面板进行调速2分		
			设置不同的加减速模式,观察输出频率的变化情况2分		
			场地清理3分		
任务展示汇报	16	语言简练、思路清晰、操作规范、方法正确	语言表达不清扣2分,操作错误一处扣1~3分,扣完为止		
存在问题及解决办法	10	问题合理、解决方法正确合理	解决方法错误一处扣2分,扣完为止		
合计					

相关知识

一、变频器面板控制水泵启停原理

在变频器控制水泵启停的最直接方式便是使用 V20 变频器自带的 BOP 面板。为了实现此功能,只需要将 V20 变频器连接宏选择 CN001 时,BOP 面板被选成了唯一控制源,同时由于控制对象是水泵,应用宏可选择 AP010。当 V20 变频器连接宏选择 CN001 时,BOP 面板被选成了唯一控制源,变频器的启停控制等操作只能使用 BOP 面板的 〇 和 | 键来实现。

速度调节使用 BOP 面板 ▲ 和 ▼ 键调节。组合键 M + OK 可以在 BOP 和端子之间进行手动/自动运行模式切换。

1. 设置连接宏的方法

在电动机数据参数设置完毕后,按下 M 键进入连接宏的设置,快速设置变频器的连接参数(图 8-2-1)。

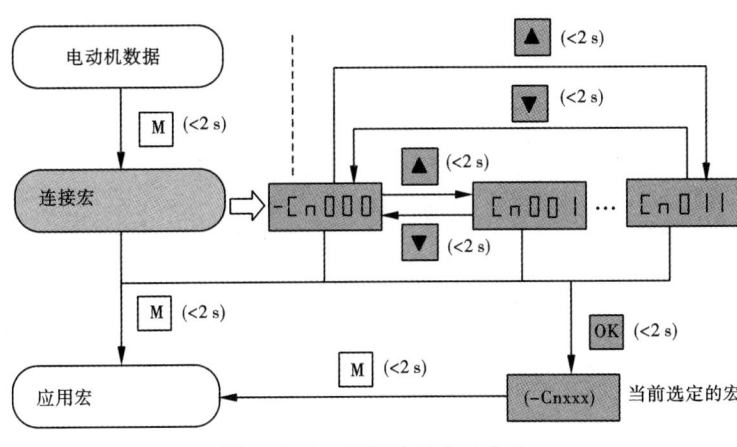

图 8-2-1　设置连接宏的方法

2. 设置连接宏的注意事项

当调试变频器时,连接宏设置为一次性设置。在更改上次的连接宏设置前,务必执行以下操作:

(1)对变频器进行工厂复位(P0010 = 30,P0970 = 1)。

(2)重新进行快速调试操作并更改连接宏。

如未执行上述操作,变频器可能会同时接受更改前后所选宏对应的参数设置,从而可能导致变频器非正常运行。

3. CN001 接线

CN001 下,默认数字量输出 1 作为运行状态输出,数字量输出 2 作为故障状态的输出,模拟量输出作为转速的输出(图 8-2-2)。

相关知识　　　　　　　　　　　　　　　　　　　笔记栏

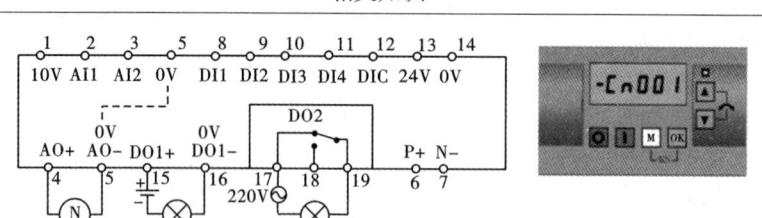

图 8-2-2　CN001 接线

4. CN001 下的自动参数设置

CN001 连接宏下,自动设置以下参数(表 8-2-1)。

表 8-2-1

参数	描述	工厂缺省值	CN001默认值	描述
P0700[0]	选择命令源	1	1	BOP
P1000[0]	选择频率	1	1	BOP MOP
P0731[0]	BI:数字量输出 1 的功能	52.3	52.2	变频器正在运行
P0732[0]	BI:数字量输出 2 的功能	52.7	52.3	变频器故障激活
P0771[0]	CI:模拟量输出	21	21	实际频率
P0810[0]	BI:CDS 位 0(手动/自动)	0	0	手动模式

5. 设置应用宏的方法

在进行连接宏设置完毕后,按下 M 键进入应用宏的设置,可以快速设置变频器的典型应用系统(图 8-2-3)。

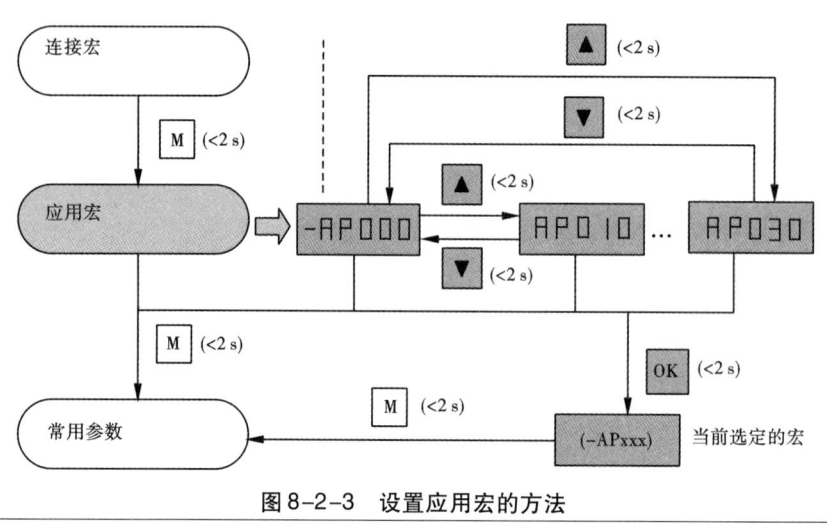

图 8-2-3　设置应用宏的方法

| 相关知识 | 笔记栏 |

6. 设置应用宏的注意事项同连接宏。

7. 应用宏 AP010

AP010 应用宏下,选择的是普通水泵应用,自动设置以下参数:

表 8-2-2 参数设置

参数	描述	工厂缺省值	AP010默认值	备注
P1080[0]	最小频率	0	15	禁止变频器低于此速度运行
P1300[0]	控制方式	0	7	平方 V/f 控制
P1110[0]	BI:禁止负的频率设定值	0	1	禁止水泵反转
P1210[0]	自动再启动	1	2	上电时故障确认
P1120[0]	斜坡上升时间	10	10	从零上升到最大频率的斜坡时间
P1121[0]	斜坡下降时间	10	10	从最大频率下降到零的斜坡时间

二、外部端子控制水泵启停原理

1、外部端子控制水泵启停原理

在变频器外部接启停按钮和电位器,可以通过按钮让变频器控制电动机启停,用电位器调节变频器输出频率,从而控制水泵转速。

当 V20 变频器连接宏选择 CN002 时,可实现外部端子控制,应用宏选择 AP010。变频器的启停控制等操作可由 I/O 端子来实现控制,变频器输出频率可由外接电位器实现调节。

组合键 M + OK 可以在 BOP 和端子之间进行手动/自动运行模式切换。V20 变频器外部端子功能见图 8-24。

(1)启停控制。数字量输入端子 DI1 控制电动机的启停控制,DI2 控制电动机的反转,DI3 用于故障确认,DI4 用于正向点动。

(2)速度调节。转速通过模拟量输入端 AI1 调节,AI1 默认接受 0～10 V 信号。

用户端子:

图 8-2-4 V20 外部端子功能

相关知识	笔记栏

2. V20 变频器外部端子控制接线

NPN 和 PNP 型控制均可通过相同的参数实现。用户可通过改变数字量输入公共端子的连接（接至 24 V 或 0 V）来改变控制模式。

(1) PNP 型接线见图 8-2-5。

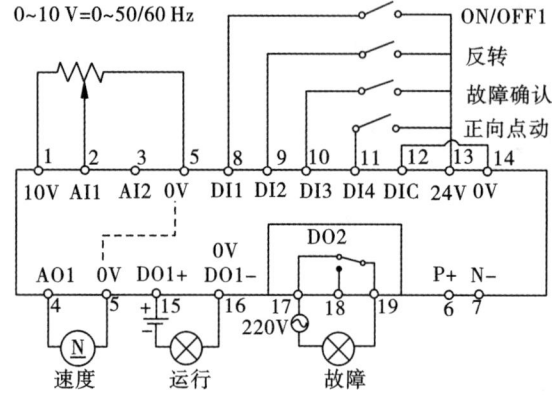
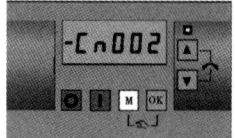

图 8-2-5　PNP 型接线

(2) NPN 型接线见图 8-2-6。

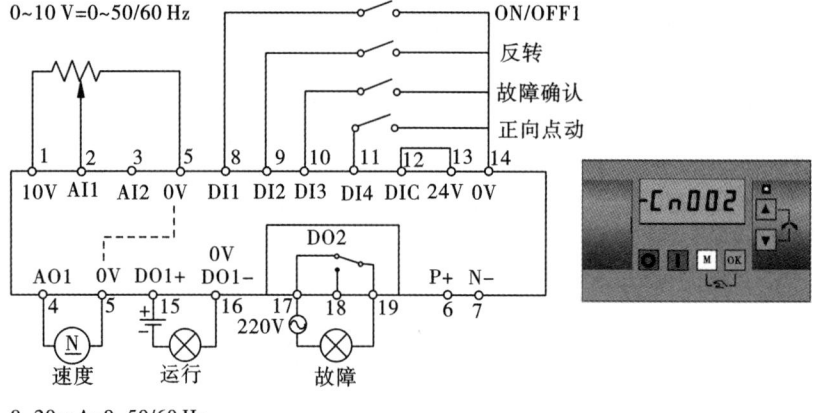

图 8-2-6　PNP 型接线

3. CN002 下自动设置参数（表 8-2-3）

相关知识

表 8-2-3 设置参数

参数	描述	工厂缺省值	Cn002默认值	备注
P0700[0]	选择命令源	1	2	以端子为命令源
P1000[0]	选择频率	1	2	模拟量设定值1
P0701[0]	数字量输入1的功能	0	1	ON/OFF命令
P0702[0]	数字量输入2的功能	0	12	反转
P0703[0]	数字量输入3的功能	9	9	故障确认
P0704[0]	数字量输入4的功能	5	10	正向点动
P0771[0]	CI:模拟量输出	21	21	实际频率
P0731[0]	BI:数字量输出1的功能	52.3	52.2	变频器正在运行
P0732[0]	BI:数字量输出2的功能	52.7	52.3	变频器故障激活

4. CN002下手动设置参数表8-2-4

表 8-2-4 设置参数

参数	描述	默认数值	单位
P1058	正向点动频率	15.00	HZ
P0756[0]	单极性电压输入(0-10V)	0	
P0757[0]	模拟量输入AI1 标定X1值	0.00	V
P0758[0]	模拟量输入AI1 标定y1值(%)	0.00	%
P0759[0]	模拟量输入AI1 标定X2值	10.00	V
P0760[0]	模拟量输入AI1 标定y2值(%)	100.00	%
P0777[0]	模拟量输出标定X1值%	0.00	%
P0778[0]	模拟量输出A01标定y1值	0.00	mA
P0779[0]	模拟量输出标定X2值%	100.00	%
P0780[0]	模拟量输出A01标定y2值	20.00	mA

5. 应用宏AP010,自动设置参数(表8-2-5)

表 8-2-5 设置参数

参数	描述	工厂缺省值	AP010默认值	备注
P1080[0]	最小频率	0	15	禁止变频器低于此速度运行
P1300[0]	控制方式	0	7	平方V/f控制
P1110[0]	BI:禁止负的频率设定值	0	1	禁止水泵反转
P1210[0]	自动再启动	1	2	上电时故障确认
P1120[0]	斜坡上升时间	10	10	从零上升到最大频率的斜坡时间
P1121[0]	斜坡下降时间	10	10	从最大频率下降到零的斜坡时间

实操任务布置	笔记栏
V20 变频器快速调试 1. 任务要求 （1）正确使用 CN001 连接宏、CN002 连接宏、AP010 应用宏。 （2）使用 BOP 面板控制水泵并小组实操演练。 （3）利用外部端子控制水泵启停并小组实操演练。 2. 任务实施步骤 （1）进行 V20 变频器 BOP 面板控制水泵启停。 1）按图所示的要求连接电路。 2）仔细检查无误后，接通变频器电源。 3）设置变频器参数。应按照先对 V20 变频器进行工厂复位，然后设置水泵电动机数据，选择连接宏为 CN001、应用宏为 AP010，最后设置常用参数。 4）按下启动按钮对电动机进行自动识别参数。 5）对电动机进行启停操作和调节频率。 6）设置不同的加减速模式，观察输出频率的变化情况 （2）进行 V20 变频器外部端子控制水泵启停。 1）按相应的要求连接电路。 2）仔细检查无误后，接通变频器电源。 3）设置变频器参数。 应按照先对 V20 变频器进行工厂复位，然后设置水泵电动机数据，选择连接宏为 CN001，应用宏为 AP010，最后设置常用参数。 4）按下启动按钮对电动机进行自动识别参数。 5）对电动机进行启停操作和频率调节。 6）设置不同的加减速模式，观察输出频率的变化情况	变频器面板控制水泵启停 外部端子控制电动机水泵启停

任务三　PLC 控制变频器实现水泵启停

任务实施人员信息						
姓名		学号		专业班级		
隶属组		组长		伙伴成员		
任务简介						
任务名称	PLC 控制变频器实现水泵启停		课时规划		2	
项目名称	变频器在恒压供水系统中的应用		所属课程		变频器应用技术	
考核点	PLC 控制变频器实现水泵启停					
任务内容介绍	任务描述： 在变频器外部接启停按钮和电位器，可以通过按钮让变频器控制电动机启停，用电位器调节变频器输出频率，从而控制水泵转速。在实际系统中，通常还需要使用 PLC 对系统进行控制和通信等。 任务分析： 将 V20 变频器连接宏选择 CN002，应用宏选择 AP010。变频器外部端子接到 PLC 的输出端口，启停按钮和电位器接到 PLC 的输入端，便可以实现 PLC 控制水泵启停。 任务要求： (1)正确实现 PLC 控制变频器实现水泵启停的接线。 (2)正确对变频器进行参数设置、对 PLC 进行程序设计。 (5)利用 PLC 控制变频器实现水泵启停并小组实操演练。						
任务目标	知识目标： 1. 掌握连接宏 CN002。 2. 掌握应用宏 AP010。 3. 掌握 PLC 控制水泵启停原理 能力目标： 能够进行 PLC 控制变频器实现水泵启停的接线、变频器参数设置，对 PLC 进行程序设计以及实操。 素养目标： 1. 团队协作。2. 绿色节能。3. 工程实践。						

	任务资讯(准备)（20 分）	笔记栏
知识准备	1. 连接宏的作用是什么？（3 分） 2. 应用宏的作用是什么？（3 分） 3. 掌握 PLC 控制水泵启停的原理。（4 分）	
实训器具准备	1. 实训设备。（4 分） 2. 工具。（2 分） 3. 仪器仪表。（2 分）	
场地准备	写出准备内容。（2 分）	

	任务设计、实施与汇报(80分)	笔记栏
任务设计 (10分)	写出 PLC 控制变频器实现水泵启停的步骤。(10分)	
任务实施与汇报 (60分)	任务实施步骤： 1. 团队组建与成员分工。(2分) 2. 进行 PLC 控制变频器实现水泵启停的接线。(5分) 3. 设置快速调试操作步骤(写出操作步骤)。 (1)将变频器复位为工厂的默认设定值。(2分) (2)快速调试。(4分) (3)设定电动机参数(20分) (4)准备启动。(2分) 4. PLC 控制变频器实现水泵启停的 PLC 程序编写。(2分) 5. PLC 控制变频器实现水泵的启停。(2分) 6. PLC 控制变频器实现水泵启停的压力调节。(2分) 7. 任务展示汇报。(16分) 8. 场地清理。(3分) 注意事项： 当调试变频器时,连接宏设置为一次性设置。在更改上次的连接宏设置前,务必执行以下操作：①对变频器进行工厂复位(P0010 = 30,P0970 = 1)；②重新进行快速调试操作并更改连接宏。 如未执行上述操作,变频器可能会同时接受更改前后所选宏对应的参数设置,从而可能导致变频器非正常运行。	
存在问题及解决办法 (10分)		

任务考评					
评分项	分值	作答及操作要求	评分标准		得分
任务资讯	20	问题回答清晰准确,能够紧扣主题,没有明显错误项。	对照标准答案错误一项扣1分,扣完为止		
任务设计与实施	54	操作规范,万用表挡位选择适当、使用方法正确,废料处理符合环保要求	任务设计10分		
			组建团队及成员分工2分		
			进行主电路接线5分		
			设置变频器参数30分		
			PLC控制变频器实现水泵启停,并用面板进行调速2分		
			设置不同的加减速模式,观察输出频率的变化情况2分		
			场地清理3分		
任务展示汇报	16	语言简练、思路清晰、操作规范、方法正确	语言表达不清扣2分,操作错误一处扣1~3分,扣完为止		
存在问题及解决办法	10	问题合理、解决方法正确合理	解决方法错误一处扣2分,扣完为止		
合计					

相关知识	笔记栏

1. PLC 控制水泵启停的原理

将 V20 变频器连接宏选择 CN002 实现外部端子控制,应用宏选择 AP010 普通水泵控制。变频器外部端子接到 PLC 的输出端口,启停按钮和电位器接到 PLC 的输入端,便可以实现 PLC 控制水泵启停。

变频器的启停控制等操作可由 I/O 端子来实现控制,变频器输出频率可由外接电位器实现调节。

组合键 M + OK 可以在 BOP 和端子之间进行手动/自动运行模式切换。

2. PLC 控制水泵启停

(1) 电路接线。I0.0 接启动按钮,I0.1 接停止按钮,用来向 PLC 输入启停信号。Q0.0 接 V20 变频器的 DI1 端,PLC 控制变频器启动停止(图 8-3-1)。

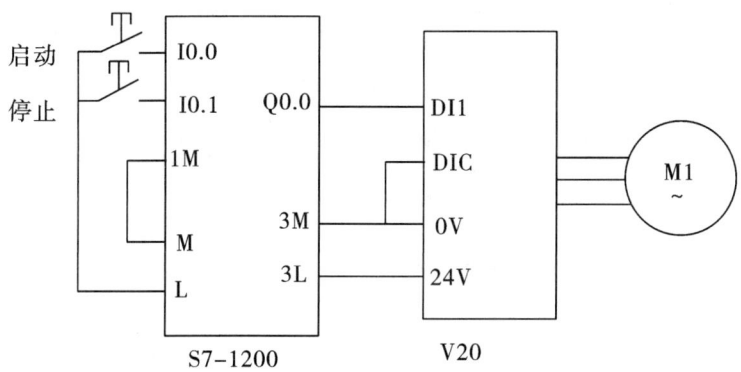

图 8-3-1　PLC 控制水泵启停电路接线

(2) PLC 控制水泵启停程序见图 8-3-2。

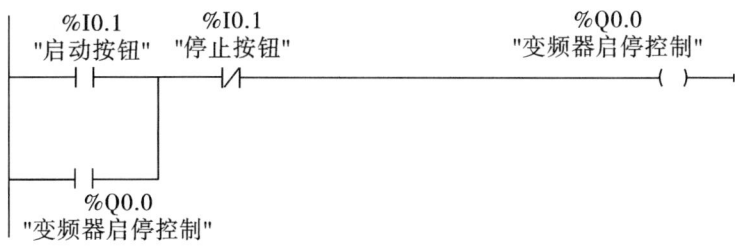

图 8-3-2　PLC 控制水泵启停程序

3. PLC 控制水泵转速调节的实现

(1) 电路接线(图 8-3-3)。S7-1200 PLC 外接模拟量输入输出模块 SM1234,模拟量输入通道 0 设置输入 0~10 V,接收设定频率 0~50 Hz。SM1234 模拟量输出通道 0 输出 0~10 V 电压,接 V20 变频器模拟量输入通道 1,控制 V20 变频器输出频率。

相关知识	笔记栏
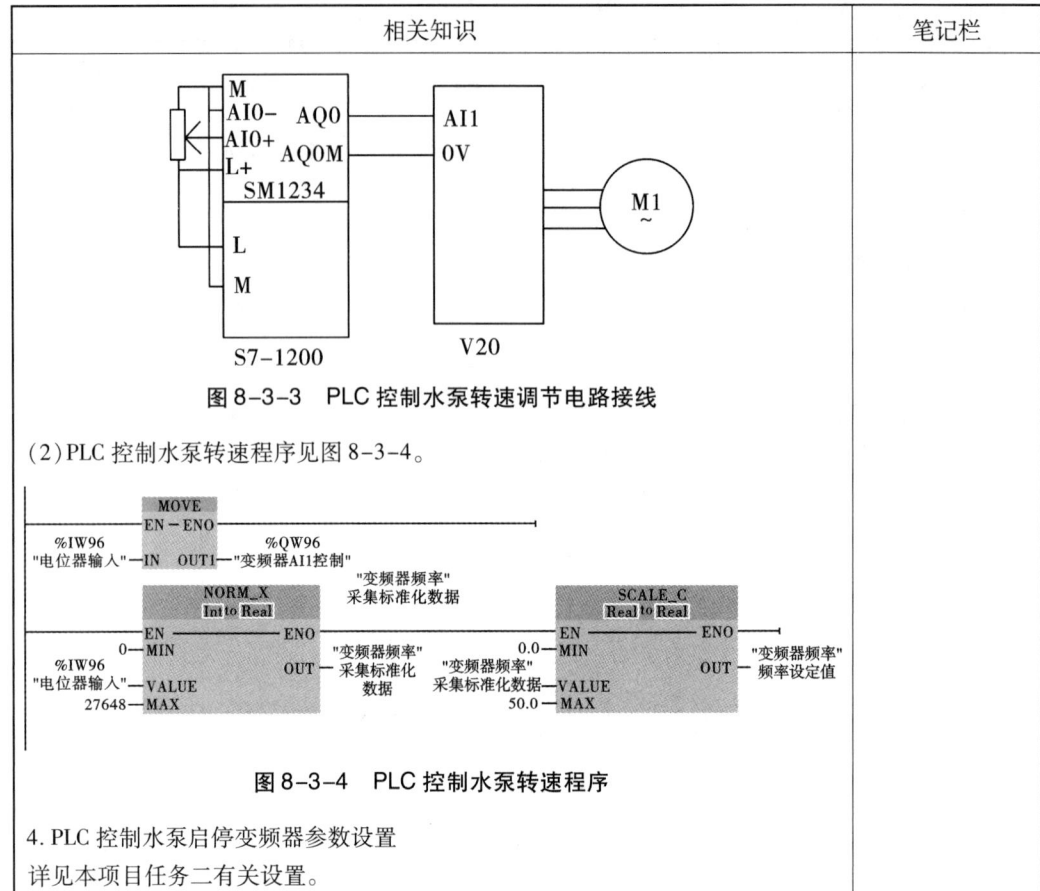

图 8-3-3　PLC 控制水泵转速调节电路接线

(2) PLC 控制水泵转速程序见图 8-3-4。

图 8-3-4　PLC 控制水泵转速程序

4. PLC 控制水泵启停变频器参数设置
详见本项目任务二有关设置。 | |

实操任务布置	笔记栏
PLC 控制变频器实现水泵启停 1. 任务要求 (1)正确实现 PLC 控制变频器实现水泵启停的接线 (2)正确对变频器进行参数设置、对 PLC 进行程序设计。 (5)利用 PLC 控制变频器实现水泵启停并小组实操演练。 2. 任务实施步骤 (1)按图所示的要求连接电路。 (2)仔细检查无误后,接通变频器电源。 (3)设置变频器参数。应按照先对 V20 变频器进行工厂复位,然后设置水泵电动机数据,选择连接宏为 CN002,应用宏为 AP010,最后设置常用参数。 (4)PLC 程序编写及下载。 (5)按下启动按钮对电动机进行自动识别参数。 (6)对电动机进行启停操作和调节频率。 (7)设置不同的加减速模式,观察输出频率的变化情况。	PLC 控制水泵启停

任务四　组态控制变频器实现水泵启停

任务实施人员信息					
姓名		学号		专业班级	
隶属组		组长		伙伴成员	
任务简介					
任务名称	组态控制变频器实现水泵启停			课时规划	2
项目名称	变频器在恒压供水系统中的应用			所属课程	变频器应用技术
考核点	组态控制变频器实现水泵启停				
任务内容介绍	任务描述： 在工业应用中除了使用按钮控制 PLC 实现控制外，HMI 也是非常常用的设备，这就需要在人机界面上设计画面，实现组态控制变频器实现水泵启停。 任务分析： 将 HMI 连接到 PLC，PLC 连接 V20 变频器，变频器控制水泵实现供水。在 HMI 上组态画面便可实现水泵的启停控制和速度频率控制。 任务要求： (1)正确实现组态控制变频器实现水泵启停的接线。 (2)正确对变频器进行参数设置、对 PLC 进行程序设计、对 HMI 进行组态画面。 (5)利用组态控制变频器实现水泵启停并小组实操演练。				
任务目标	知识目标： 1.掌握触摸屏的作用。 2.掌握组态的含义。 3.掌握组态控制水泵启停原理 能力目标： 能够进行组态控制变频器实现水泵启停的接线、变频器进行参数设置、对 PLC 进行程序设计、HMI 进行组态画面以及实操。 素养目标： 1.团队协作。2.绿色节能。3.工程实践。				

任务资讯(准备)（20 分）		笔记栏
知识准备	1. 西门子 HMI 有哪些组成部分？（3 分） 2. HMI 的作用是什么？（3 分） 3. 组态的含义是什么？（4 分）	
实训器具准备	1. 实训设备。（4 分） 2. 工具。（2 分） 3. 仪器仪表。（2 分）	
场地准备	写出准备内容。（2 分）	

任务设计、实施与汇报(80分)		笔记栏
任务设计(10分)	写出组态控制变频器实现水泵启停步骤。(10分)	
任务实施与汇报 60分	任务实施步骤： 1.团队组建与成员分工。(2分) 2.进行组态控制变频器实现水泵启停接线。(5分) 3.设置快速调试操作步骤(写出操作步骤)。 (1)将变频器复位为默认设定值。(2分) (2)快速调试。(4分) (3)设定电动机参数。(20分) (4)准备启动。(2分) 4.组态控制变频器实现水泵启停的PLC程序编写。(2分) 5.组态界面设计。(2分) 6.组态控制变频器实现水泵启停。(2分) 7.组态控制变频器实现水泵启停压力调节。(2分) 8.任务展示汇报。(16分) 9.场地清理。(3分)	
存在问题及解决办法(10分)		

任务考评				
评分项	分值	作答及操作要求	评分标准	得分
任务资讯	20	问题回答清晰准确,能够紧扣主题,没有明显错误项	对照标准答案错误一项扣1分,扣完为止	
任务设计与实施	54	操作规范,万用表挡位选择适当、使用方法正确,废料处理符合环保要求	任务设计10分	
			组建团队及成员分工2分	
			进行主电路接线5分	
			设置变频器参数30分	
			组态控制变频器实现水泵启停,并用面板进行调速2分	
			设置不同的加减速模式,观察输出频率的变化情况2分	
			场地清理3分	
任务展示汇报	16	语言简练、思路清晰、操作规范、方法正确	语言表达不清扣2分,操作错误一处扣1~3分,扣完为止	
存在问题及解决办法	10	问题合理、解决方法正确合理	解决方法错误一处扣2分,扣完为止	
合计				

相关知识	笔记栏
 1. 触摸屏控制水泵启停原理 将 HMI 连接到 PLC，PLC 连接 V20 变频器，变频器控制水泵实现供水。在 HMI 上组态画面便可实现水泵的启停控制和速度频率控制。将 V20 变频器连接宏选择 CN002，应用宏选择 AP010。变频器外部端子接到 PLC 的输出端口，启停按钮和电位器接到 PLC 的输入端，便可以实现 PLC 控制水泵启停。 组合键 M + OK 可以在 BOP 和端子之间进行手动/自动运行模式切换。 2. 组态控制水泵启停 （1）电路接线。用 PROFINET 接口连接触摸屏和 PLC，S7-1200 PLC 的 Q0.0 接 V20 变频器数字量输入 1，SM1234 模拟量输出 0 接 V20 变频器模拟量输入。 （2）PLC 控制水泵启停程序 1）变量地址分配。 2）PLC 程序见图 8-4-1。 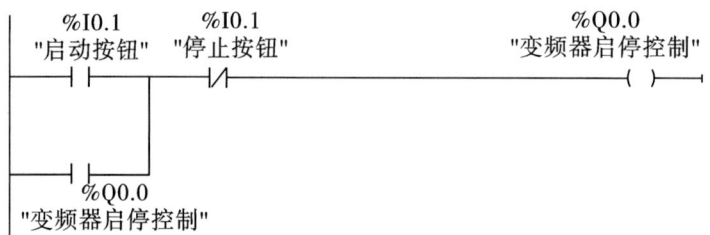 图 8-4-1　PLC 程序（梯形图） 3. 速度控制 （1）变量地址分配。 （2）PLC 程序见图 8-4-2。 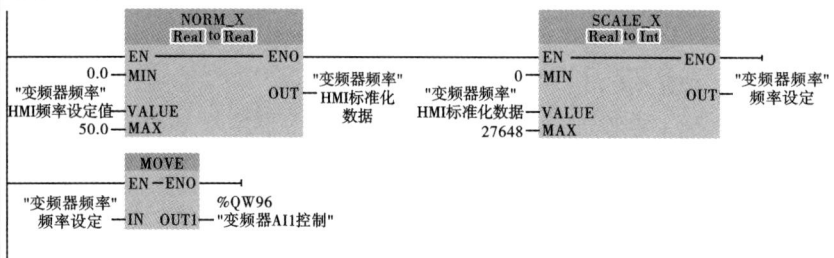 图 8-4-2　PLC 程序（梯形图） 4. HMI 画面实现 HMI 画面设计组态包含水泵、启动按钮、停止按钮、频率设定、水泵状态等。 （1）启动按钮、停止按钮需要设置按钮按下和释放动作。 （2）频率设定需要设定文本框内容，连接 PLC 内部控制 V20 变频器频率设定变量。 （3）水泵状态设置外观动画的颜色。	 组态界面

实操任务布置	笔记栏
组态控制变频器实现水泵启停 1.任务要求 (1)正确实现组态控制变频器实现水泵启停的接线。 (2)正确对变频器进行参数设置、对 PLC 进行程序设计、触摸屏界面组态。 (3)利用组态控制变频器实现水泵启停并小组实操演练。 2.任务实施步骤 (1)按有关要求连接电路。 (2)仔细检查无误后,接通变频器电源。 (3)设置变频器参数。应按照先对 V20 变频器进行工厂复位,然后设置水泵电动机数据,选择连接宏为 CN002,应用宏为 AP010,最后设置常用参数。 (4)PLC 程序编写及下载。 (5)HMI 界面设计及下载。 (6)按下启动按钮对电动机进行自动识别参数。 (7)对电动机进行启停操作和调节频率。 (8)设置不同的加减速模式,观察输出频率的变化情况。	触摸屏控制 水泵启停

任务五　组态控制变频器实现恒压供水

任务实施人员信息					
姓名		学号		专业班级	
隶属组		组长		伙伴成员	
任务简介					
任务名称	组态控制变频器实现恒压供水		课时规划	2	
项目名称	变频器在恒压供水系统中的应用		所属课程	变频器应用技术	
考核点	组态控制变频器实现恒压供水				
任务内容	任务描述： 开环控制的供水系统能够实现输出压力给定输入，但随着用水量的变化，压力不能保持恒定，不能满足日常对压力恒定的要求，因此需要实现变频恒压供水。 任务分析： 若要实现恒压供水，根据闭环控制原理，只需要将供水水管压力通过压力变送器检测出来，送给变频器，与设定压力比较求出偏差，由变频器内置的 PID 控制器控制输出频率，进而控制水泵转速，使水管供水压力保持恒定。 供水压力检测与显示是利用压力传感器将供水压力转换成电信号，PLC 利用 SM1234 模块将电信号采集并转换成实际压力，并在 HMI 上显示。 任务要求： (1)正确掌握 V20 变频器 PID 工艺控制器。 (2)正确使用 CN008 连接宏。 (3)实现组态控制变频器实现恒压供水操演练。				
任务目标	知识目标： 1.掌握连接宏 CN008。 2.掌握供水压力传感器原理。 能力目标： 1.能够进行压力传感器接线。 2.能够实现组态控制变频器实现恒压供水。 素养目标： 1.团队协作。2.绿色节能。3.工程实践。				

任务资讯(准备)（20分）		笔记栏
知识准备	1. 连接宏 CN008 的作用是什么？（3分） 2. 组态控制变频恒压供水原理是什么？（3分） 3. 描述组态控制变频恒压供水操作步骤。（4分）	
实训器具准备	1. 实训设备(4分) 2. 工具(2分) 3. 仪器仪表(2分)	
场地准备	写出准备内容。(2分)	

任务设计、实施与汇报(80分)		笔记栏
任务 设计 (10分)	画出实现组态控制变频器实现恒压供水接线图及操作步骤。(10分)	
任务 实施 与 汇报 (60分)	任务实施步骤: 1.团队组建与成员分工。(2分) 2.进行实现组态控制变频器实现恒压供水接线。(5分) 3.设置快速调试操作步骤(写出操作步骤)。 (1)将变频器复位为工厂的默认设定值。(2分) (2)快速调试。(4分) (3)设定电动机参数。(18分) (4)准备启动。(2分) 4.对电动机进行启停操作、参数查看。(2分) 5.编制PLC程序。(2分) 6.编制HMI组态画面。(2分) 7.设置不同的加减速模式,观察输出频率的变化情况(BOP面板控制和外部端子控制)。(2分) 8.任务展示汇报。(16分) 9.场地清理。(3分) 注意事项: 1.两线制压力传感器接线及校准。 2.PID参数校准的方法。	
存在 问题 及 解决 办法 (10分)		

任务考评				
评分项	分值	作答及操作要求	评分标准	得分
任务资讯	20	问题回答清晰准确,能够紧扣主题,没有明显错误项	对照标准答案错误一项扣1分,扣完为止	
任务设计与实施	54	操作规范,万用表挡位选择适当、使用方法正确,废料处理符合环保要求	任务设计10分	
			组建团队及成员分工2分	
			进行主电路接线5分	
			设置变频器参数30分	
			组态控制变频器实现恒压供水系统的启停和正/反转,并用HMI调速2分	
			设置不同的加减速模式,观察输出频率的变化情况2分	
			场地清理3分	
任务展示汇报	16	语言简练、思路清晰、操作规范、方法正确	语言表达不清扣2分,操作错误一处扣1~3分,扣完为止	
存在问题及解决办法	10	问题合理、解决方法正确合理	解决方法错误一处扣2分,扣完为止	
合计				

相关知识	笔记栏
一、供水压力检测与显示原理 供水压力检测与显示是利用压力传感器将供水压力转换成电信号,PLC 利用 SM1234 模块采集电信号并转换成实际压力,并在 HMI 上显示。 (1)压力变送器的参数。量程为 0~100 kPa,电源为 24 VDC,输出为 4~20 mA,精度:0.5 级。 (2)压力变送器的接线(图 8-5-1)。打开压力变送器后盖,会看到有 4 个接线端子,OUT+-和 TEST+-,TEST+-是厂家用来标定压力变送器用的。用户使用时接 OUT+-,变送器的 DC24 V 电源线同时是 4~20 mA 的信号反馈线,24 V+接OUT+,24 V-接 OUT-。 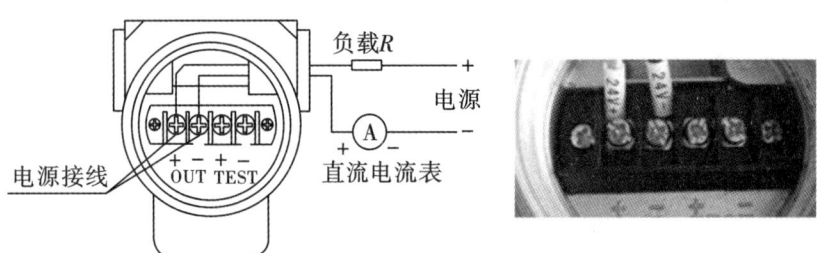 图 8-5-1　压力变送器的接线 (3)PLC 检测供水压力。将压力变送器输出 4~20 mA 电流接到 SM1234 模块的模拟量输入通道 2,并组态测量类型和电流范围。 1)接线见图 8-5-2。 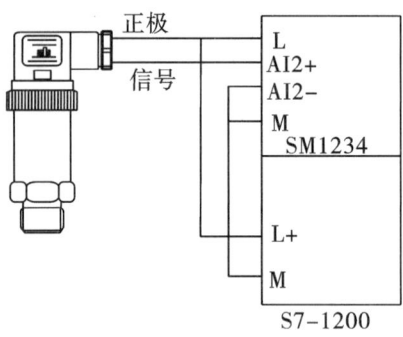 图 8-5-2　PLC 检测供水压力接线 2)PLC 组态模拟量输入模块配置。 3)压力检测 PLC 程序的编制与调试。 (4)供水压力显示。在 HMI 上设计实际供水压力文本显示,并组态连接 PLC"压力检测？供水压力值"数据。	 供水压力检测与显示  压力变送器的原理

相关知识	笔记栏

二、变频恒压供水的实现

见图 8-5-3,若要实现恒压供水,根据闭环控制原理,只需要将供水水管压力通过压力变送器检测出来,送给变频器,与设定压力比较求出偏差,由变频器内置的 PID 控制器控制输出频率,进而控制水泵转速,使水管供水压力保持恒定。

系统的启停、压力设定值和实际值、系统状态等可由触摸屏组态界面进行设置,由 PLC 控制变频器来实现。

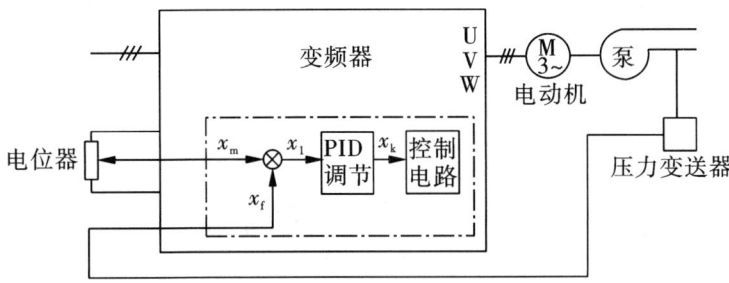

图 8-5-3 变频恒压供水原理框图

1. 变频恒压供水的原理

见图 8-5-4,由压力传感器将水压信号(4~20 mA)送入变频器内部的 PID 模块,与设定的压力值进行比较,并通过变频器内置 PID 运算将结果转换为频率调节信号,以调整水泵电动机的电源频率,从而实现水泵转速控制。由于变频器内部自带的 PID 调节器采用了优化算法,所以使水压的调节十分平滑稳定。同时,为了保证水压反馈信号值的准确、不失真,可对该信号设置滤波时间常数,还可对反馈信号进行换算,使系统的调试更为简单、方便。

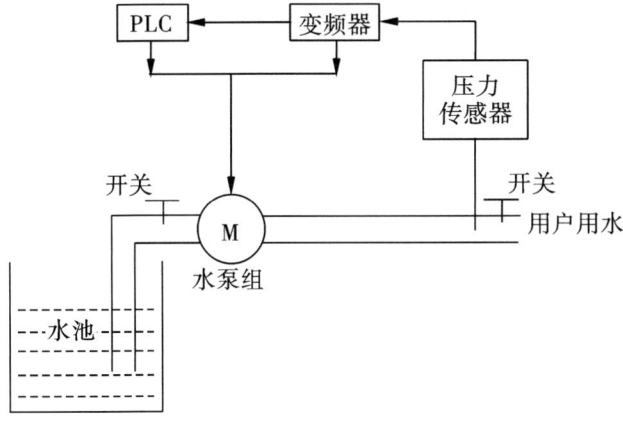

图 8-5-4 PLC 控制变频恒压供水原理框图

该装置通过安装在泵主出口管上的远程压力表(内部滑动电阻)将输出压力转换成 4~20 mA 的电流信号。并送至变频器的 AIN2 模拟量输入端口,变频器将接收管网的压力信号与 AIN1 端口上的设定压力进行比较,并将调节参数输出到变频器以控制频率变化。交流电动机转速与输入电能的频率成比例。

相关知识	笔记栏

其工作原理是:通过安装在出水管网上的压力传感器,把出水口压力信号变成4~20 mA的电流信号送至变频器,再通过变频器的A/D转换模块将模拟量变成数字量,同时变频器的A/D转换模块也将压力设定值转换成数字量,两个数据同时经过PID控制模块进行比较,PID根据变频器的参数设置进行数据处理,并将数据处理的结果以运行频率的形式进行输出控制,这样运行频率的变化就可以改变水泵电动机的转速,进而调节供水量。

变频恒压供水HMI界面

2. HMI界面设计

HMI界面设置启动、停止按钮,压力设定值文本框,实际供水压力显示框和水泵状态标识,并连接至PLC变量。

3. PLC程序

(1)水泵启停秩序见图8-5-5。

```
    %M10.0        %M10.1                              %Q0.0
"HMI启动按钮"  "HMI停止按钮"                    "变频器启停控制"
    ──┤├──────────┤/├─────────────────────────────( )──
     │
     │    %Q0.0
     └──┤├──
       "变频器启停控制"
```

图8-5-5 水泵启停程序

(2)压力检测程序见图8-5-6。

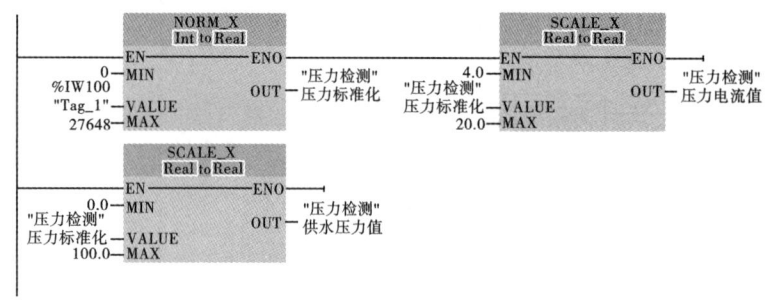

图8-5-6 压力检测程序

(3)压力设定程序见图8-5-7。

```
    %M10.0        %M10.1                              %Q0.0
"HMI启动按钮"  "HMI停止按钮"                    "变频器启停控制"
    ──┤├──────────┤/├─────────────────────────────( )──
     │
     │    %Q0.0
     └──┤├──
       "变频器启停控制"
```

图8-5-7 压力设定程序

相关知识	笔记栏

4. 连接宏 CN008

（1）PID 控制与模拟量参考组合见图 8-5-8。

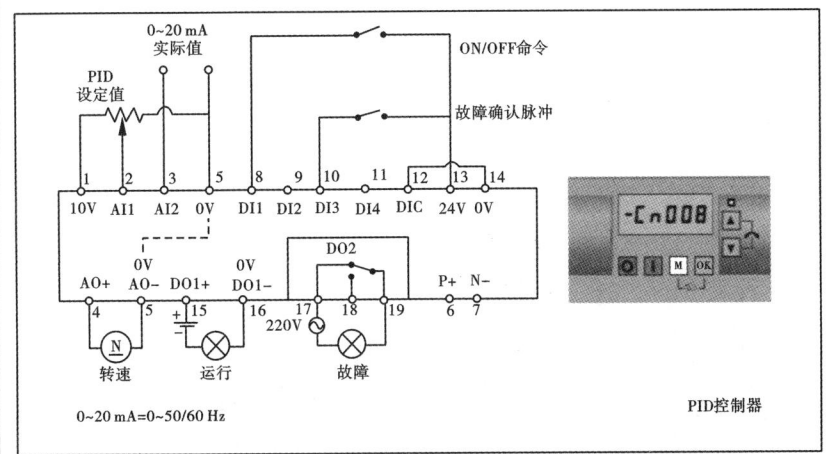

图 8-5-8　PID 控制与模拟量参考组合

（2）连接宏 CN008 默认参数设置如表 8-5-1 所示。

表 8-5-1　默认参数设置

参数	描述	工厂缺省值	CN008默认值	备注
P0700[0]	选择命令源	1	2	以端子为命令源
P0701[0]	数字量输科1的功能	0	1	ON/OFF 命令
P0703[0]	数字量输入3的功能	9	9	故障确认
P2200[0]	使能PID控制器	0	1	PID 使能
P2253[0]	CI:PID 设定值	0	755.0	PID 设定值=模拟量输入1
P2264[0]	CI:PID 反馈	755.0	755.1	PID 反馈=模拟量输入2
P0756[1]	模拟量输入类型	0	2	模拟量输入2，0～20 mA
P0771[0]	CI:模拟量输出	21	21	实际频率
P0731[0]	BI:数字量输出1的功能	52.3	52.2	变频器正在运行
P0732[0]	BI:数字量输出2的功能	52.7	52.3	变频器故障激活

当从 PID 控制模式切换至手动模式时,P2200 自动设为 0 以禁止 PID 控制。当切换回自动模式时,P2200 自动设为 1,从而再次使能 PID 控制。

5. 变频器 PID 控制器

变频器内置的 PID 控制器支持多种简单过程控制任务,如压力控制、水位控制或流量控制。PID 控制器以受控过程变量对应其设定值的方式来定义电动机的速度设定值。

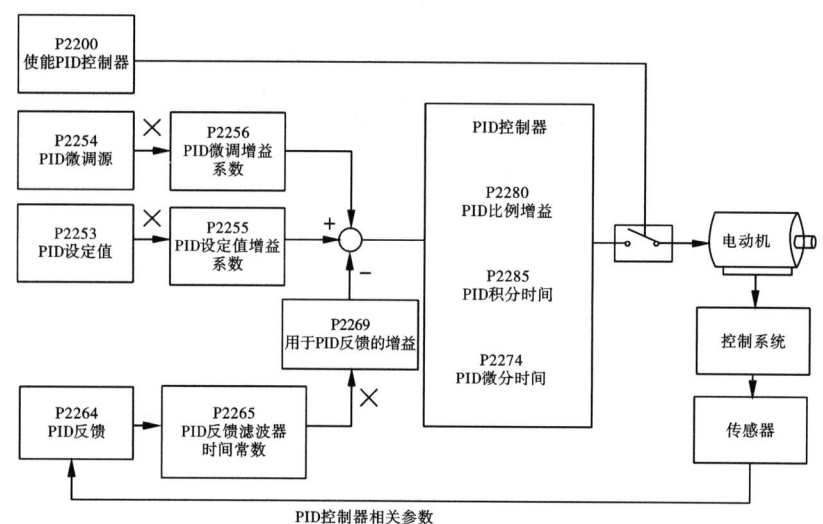

图 8-5-9　PID 控制器相关参数

PID 控制器有关参数设置(图 8-5-9)为:P2200 = 1,激活 PID 功能;P2253 = 755.0,PID 给定源于模拟量输入 1;P2264 = 755.1,PID 反馈源于模拟量输入 2;P2280 = X,比例增益设置(根据现场工艺情况调整);P2285 = X,积分时间设置(根据现场工艺情况调整);P2274 = 0,微分时间设置(通常微分需要关闭)。

PID 控制器的参数与规律的关系是:比例度越小,比例放大倍数越大,表明比例控制作用越强;积分时间越小,积分输出的速度越快,表明积分控制作用越强;微分时间越大,微分输出保持就越长,表明微分控制作用越强。

在比例积分控制规律的基础上增加微分规律后,系统的质量可以全面得到提高,即最大偏差减小,振荡周期缩短;而且由于有积分控制规律,系统的余差也将消除。

实操任务布置	笔记栏
组态控制变频器实现恒压供水 1.任务要求 (1)正确实现组态控制变频器实现恒压供水的接线。 (2)正确对变频器进行参数设置、对 PLC 进行程序设计、触摸屏界面组态。 (3)利用组态控制变频器实现恒压供水并小组实操演练。 2.任务实施步骤 (1)按有关要求连接电路。 (2)仔细检查无误后,接通变频器电源。 (3)设置变频器参数。应按照先对 V20 变频器进行工厂复位,然后设置水泵电动机数据,选择连接宏为 CN002、应用宏为 AP010,最后设置常用参数。 (4)PLC 程序编写及下载。 (5)HMI 界面设计及下载。 (6)按下启动按钮对电动机进行自动识别参数。 (7)对电动机进行启停操作和调节频率。 (8)设置不同的加减速模式,观察输出频率的变化情况	变频恒压供水的实现

项目九　变频器的养护与常见故障诊断处理

任务一　变频器的保养与维护

任务实施人员信息					
姓名		学号		专业班级	
隶属组		组长		伙伴成员	
任务简介					
任务名称	变频器的保养与维护			课时规划	1
项目名称	变频器的养护与常见故障诊断处理			所属课程	变频器应用技术
考核点	保养与维护内容、方法				
任务内容介绍	任务描述： 由于环境的温度、湿度、粉尘及振动的影响，变频器内部的器件老化及磨损等诸多原因，都会导致变频器潜在的故障发生。因此，有必要对变频器实施日常和定期的保养及维护。 任务分析： 保持良好的运行环境，记录日常运行的数据，并及早发现异常情况，是变频器长寿命运行的好办法。 任务要求： (1) 正确进行变频器的日常检查与保养。 (2) 能够对变频器正确地进行定期维护。				
任务目标	知识目标： 1. 了解变频器的日常保养与检查内容。 能力目标： 1. 能够正确对变频器进行日常保养与检查。 素养目标： 1. 团队协作。2. 严谨认真。3. 工程实践。				

	任务资讯(准备)(20分)	笔记栏
知识准备	1. 在检查及维护变频器前,首先确认哪几项?(4分) 2. 变频器日常检查的内容及方法是什么?(6分)	
实训器具准备	1. 实训设备。(4分) 2. 工具。(2分) 3. 仪器仪表。(2分)	
场地准备	写出准备内容(2分)	

任务设计、实施与汇报(80分)		笔记栏
任务设计(10分)	对一台变频器进行日常保养与检查,试编写计划书。(10分)	
任务实施与汇报(60分)	1. 任务实施步骤。(30分) 2. 任务展示汇报。(20分) 3. 场地清理。(10分) 注意事项:只有受过专业训练的人才能在拆卸部件后进行维护及器件更换。	
存在问题及解决办法(10分)		

项目九　变频器的养护与常见故障诊断处理

任务考评					
评分项	分值	作答及操作要求	评分标准		得分
任务资讯	20	问题回答清晰准确,能够紧扣主题,没有明显错误项	对照标准答案错误一项扣1分,扣完为止		
任务设计与实施	50	操作熟练,方法正确,废料处理符合环保要求,任务实施思路清晰、步骤合理	任务设计10分		
			组建团队及成员分工5分		
			操作熟练15分		
			方法正确、内容合理15分		
			场地清理10分		
任务展示汇报	20	语言简练、思路清晰、操作规范、方法正确	语言表达不清扣2分,操作错误一处扣1~3分,扣完为止		
存在问题及解决办法	10	问题合理、解决方法正确合理	解决方法错误一处扣2分,扣完为止		
合计					

相关知识	笔记栏
1.在检查及维护变频器前首先确认以下几项,否则会有触电危险: (1)变频器已切断电源。 (2)盖板打开后,左下角的充电指示灯灭。 (3)用直流高电压表测(+)、(-)之间电压小于36 V以下。 2.日常保养 变频器必须按照规格书中规定的使用环境运行,若发生一些意外的情况,用户应该按照表9-1-1所示的提示,做如日常的保养工作。 表9-1-1 日常检查提示表 | 检查对象	检查要领 |||
	检查内容	周期	检查手段	
---	---	---	---	---
运行环境	(1)温度、湿度 (2)尘埃、水及滴漏 (3)气体	随时	(1)温度计、湿度计 (2)目视 (3)目视	(1)按规格书温度<50℃,40℃以上开盖运行 (2)水滴痕迹 (3)无异样响声
变频器	(1)振动发热 (2)噪声	随时	(1)外壳触摸 (2)听	(1)振动平稳、风温合理 (2)无异样响声
电机	(1)发热 (2)噪声	随时	(1)手触摸 (2)听觉	(1)发热异常否 (2)噪声均匀
运行状态参数	(1)输出电流 (2)输出电压 (3)内部温度	随时	(1)电压表 (2)电流表 (3)温度计	(1)在额定值范围内 (2)在额定值范围内 (3)温升小于35℃ | 3.定期维护 根据使用环境,可以3个月或6个月对变频器进行一次定期检查。注意,不要将螺钉及垫圈等金属件遗留在机器内,否则有损坏设备的危险。另外,出厂前已经通过耐压实验,用户不必再进行耐压测试,否则会损坏器件。一般检查内容如下: (1)控制端子螺钉是否松动,用旋具拧紧。 (2)主回路端子是否有接触不良的情况,铜排连接处是否有过热痕迹。 (3)电力电缆、控制电缆有无损伤,尤其是与金属表面接触的表皮是否有割伤的痕迹。 (4)电力电缆鼻子的绝缘包扎带是否已脱落。 (5)对电路板、风道上的粉尘全面清扫,最好使用吸尘器。 (6)长期存放的变频器必须在2年以内进行一次通电实验,通电时,采用调压器缓缓升高至额定值,时间近5 h,可以不带负载。 (7)如果对电动机进行绝缘测试,必须将电动机的输入电源线从变频器端子U、V、W拆开后,单独对电动机测试,否则将会造成变频器损坏。	

任务二 变频器常见故障的诊断与处理

任务实施人员信息					
姓名		学号		专业班级	
隶属组		组长		伙伴成员	
任务简介					
任务名称	变频器常见故障的诊断下处理		课时规划		1
项目名称	变频器的养护与常见故障诊断处理		所属课程		变频器应用技术
考核点	保护功能、常见故障				
任务内容介绍	任务描述： 变频器出现异常情况及故障，必须对变频器进行准确查找与排除故障。测量变频器电路的电压、电流、功率时，要求选择适用的仪表。本次任务针对变频器跳闸故障进行分析与排除。 任务分析： 新一代高性能的变频器具有较完善的自诊断功能、保护及报警功能。当出现故障时，变频器大都能自动停车保护，并给出提示信息。检修时应以这些显示信息为线索，查找故障原因，分析出现故障的范围，同时采用合理的测试手段确认故障点并进行维修。 任务要求： (1)合理选择测量仪表。 (2)正确分析跳闸故障原因并排除故障。				
任务目标	知识目标： 1.了解变频器的保护功能。 2.熟悉变频器常用的测量仪表。 3.熟悉变频器常见故障现象、原因及排除方法。 能力目标： 能够对变频器常见故障进行正确的诊断与排除。 素养目标： 1.团队协作。2.严谨认真。3.工程实践。				

任务资讯（准备）(20分)		笔记栏
知识准备	1. 变频器有哪些保护功能？（5分） 2. 变频器跳闸事故的原因有哪些？（5分）	
实训器具准备	1. 实训设备。（4分） 2. 工具。（2分） 3. 仪器仪表。（2分）	
场地准备	写出准备内容。（2分）	

任务设计、实施与汇报(80 分)		笔记栏
任务 设计 (10 分)	记录实训中遇到的变频器故障,并分析其故障原因。(10 分)	
任务 实施 与 汇报 (60 分)	1. 任务实施步骤。(30 分) 2. 任务展示汇报。(20 分) 3. 场地清理。(10 分) 注意事项:要选择适用的测量仪表。	
存在 问题 及 解决 办法 (10 分)		

任务考评				
评分项	分值	作答及操作要求	评分标准	得分
任务资讯	20	问题回答清晰准确,能够紧扣主题,没有明显错误项	对照标准答案错误一项扣1分,扣完为止	
任务设计与实施	50	操作熟练,方法正确,废料处理符合环保要求,任务实施思路清晰、步骤合理	任务设计10分	
			组建团队及成员分工5分	
			操作熟练、测量仪表选择合适15分	
			排除故障的方法正确合理15分	
			场地清理5分	
任务展示汇报	20	语言简练、思路清晰、操作规范、方法正确	语言表达不清扣2分,操作错误一处扣1~3分,扣完为止	
存在问题及解决办法	10	问题合理、解决方法正确合理	解决方法错误一处扣2分,扣完为止	
合计				

相关知识	笔记栏
1.测量变频器电路时仪表类型的选择 测量变频器电路的电压、电流、功率时,可根据下列要求选择适用的仪表: (1)输入电压。因为是工频正弦电压,所以各类仪表均可使用。 (2)输出电压。一般用整流式仪表。如选用电磁式仪表,则读数偏低。但绝对不能用数字电压表。 (3)输入和输出电流。一般选用电磁式仪表。 (4)输入和输出功率。均可用电动式仪表。 2.变频器跳闸故障的检修 (1)故障处理。变频器在运行中出现跳闸,即视为事故。跳闸事故的原因通常有以下4种类型: 1)电源故障。如电源瞬时断电或电压低落出现"欠压"显示;瞬时过压出现"过压"显示,都会引起变频器跳闸停机。待电源恢复正常后即可重新启动。 2)外部故障。如输入信号断路,输出线路开路、断相、短路、接地或绝缘电阻很低,电动机故障或过载等,变频器即显示"外部"故障而跳闸停机,经排除故障后,即可重新启用。 3)内部故障。如内部风扇断路或过热、熔断器断路、器件过热、存储器错误、CPU故障等,可切入工频启动运行,不致影响生产;待内部故障排除后,即可恢复变频启动运行。 4)设置不当。当参数预置后,空载试验正常,加载后出现"过流"跳闸,可能是启动转矩设置不够或加速时间不足;也有的运行一段时间后,转动惯量减小,导致减速时"过压"跳闸,适当增大加速时间便可解决。 (2)冗余措施 1)变频/工频切换措施。该措施以备变频装置一旦出现故障,及时切换到工频常规运行,不致影响生产。现通用型低压变频器普遍采取综合故障报警方式,即变频器内部故障与外部故障报警信号不能区别给出。如采用自动切换模式,则因外部故障切到工频后,将导致外部故障进一步扩大。如因电动机绝缘电阻下降引起的故障报警输出,若自动切入工频后,就会烧毁电动机。所以采取从显示屏上识别内、外故障人工切换方式。 2)自动/手动切换措施。对于闭环控制系统,可设置这一措施,以备一旦微机或PLC等出现故障,及时离线实施手动模拟调速控制,即可维持生产。 (3)应急检修。根据故障显示的类别和数据进行下列检查: 1)打开机箱后,首先观察内部是否有断线、虚焊、烧焦气味或变质变形的元器件,如有,则及时处理。 2)用万用表检测电阻的阻值和二极管、开关管及模块通断电阻,判断是否断开或击穿。如有,按原标称值和耐压值更新的或等同类型的代换。 3)用双踪示波器检测各工作点波形,采用逐级排除法判断故障位置和元器件。在检修中应注意的问题如下: A.严防虚焊、虚连,或错焊、连焊,或者接错线。特别是别把电源线误接到输出端。 B.通电静态检查指示灯、数码管和显示屏是否正常,预置数据是否适当。	

相关知识	笔记栏

C. 有条件者,可用一小型电动机进行模拟动态试验。
D. 带负载试车。
3. 变频器的常见保护功能及其故障诊断
(1)变频器的常见保护功能主要有过电流保护、过电压保护、欠电保护、过温保护等。
(2)变频器常见保护功能故障的诊断及采取的措施如表9-2-1所示。

表9-2-1 变频器常见保护功能故障的诊断及采取的措施

故障	可能的故障原因	诊断和应采取的措施	反应措施
F0001 过电流	1. 电动机的功率与变频器的功率不对应 2. 电动机的导线短路 3. 有接地故障	1. 电动机的功率(P0307)必须与变频器的功率(P0206)相对应 2. 电缆的长度不得超过允许的最大值 3. 电动机的电缆和电动机内部不得有短路或接地故障 4. 输入变频器的电动机参数必须与实际使用的电动机参数相对应 5. 输入变频器的定子电阻值(P0350)必须正确无误 6. 电动机的冷却风道必须通畅,电动机不得过载 7. 增加斜坡时间 8. 减小"提升"的数值	Off2
F0002 过电压	1. 直流回路的电压(R0026)超过了跳闸电平(P2172) 2. 由于供电电源电压过高,或者电动机处于再生制动方式下引起的电压 3. 斜坡下降过快,或者电动机由大惯量负载带动旋转而处于再生制动状态下	1. 电源电压(P0210)必须在变频器铭牌规定的范围以内 2. 直流回路电压控制器必须有效(P1240),而且正确地进行了参数化 3. 斜坡下降时间(P1121)必须与负载的惯量相匹配	Off2

项目九 变频器的养护与常见故障诊断处理

相关知识				笔记栏
续表 9-2-1				
故障	可能的故障原因	诊断和应采取的措施	反应措施	
F0003 欠电压	1. 供电电源故障 2. 冲击负载超过了规定的限定值	1. 电源电压(P0210)必须在变频器铭牌规定的范围以内 2. 检查电源是否短时掉电或有瞬时的电压降低	Off2	
F0004 变频器 过温	1. 冷却风机故障 2. 环境温度过高	1. 变频器运行时冷却风机必须正常运转 2. 调制脉冲的频率必须设定为默值 3. 冷却风道口的入口和出口不得填塞 4. 环境温度可能高于变频器的允许值	Off3	
F005 变频器 I_2t 过温	1. 变频器过载 2. 工作/停止间隙周期时间不符合要求 3. 电动机功率(P0307)超过变频器的负载能力(P0206)	1. 负载的工作/停止间隙周期时间不得超过指定的允许值 2. 电动机的功率(P0307)必须与变频器的功率(P0206)相匹配	Off2	
F001 电动机 I_2t 过温	1. 电动机过载 2. 电动机数据错误 3. 长期在低速状态下运行	1. 检查电动机的数据应正确无 2. 检查电动机的负载情况 3. "提升"的数值(P1310、P1311、P1312)设置得过高 4. 电动机的热传导时间常数必须正确 5. 检查电动机的过温报警值	OFF2、 OFF1	

参考文献

[1] 吕汀. 变频技术原理及应用[M]. 北京:机械工业出版社,2007.
[2] 刘瑞华. S7 系列 PLC 与变频器综合应用技术[M]. 北京:中国电力出版社,2009.
[3] 张燕宾. SPWM 变频调速应用技术[M]. 北京:机械工业出版社,2005.
[4] 林育兹. 变频器应用案例[M]. 北京:高等教育出版社,2007.
[5] 张燕宾. 变频器应用教程[M]. 北京:机械工业出版社,2007.
[6] 吴志敏,阳胜峰. 西门子 PLC 与变频器、触摸屏综合应用教程[M]. 北京:中国电力出版社,2009.
[7] 咸庆信. 变频器电路维修与故障实例分析[M]. 北京:机械工业出版社,2010.
[8] 王楠. 电力电子应用技术[M]. 4 版. 北京:机械工业出版社,2019.6
[9] 孙慧峰. 变流技术的实现[M]. 北京:科学出版社,2009.
[10] 咸庆信. 变频器故障检修 260 例[M]. 北京:化学工业出版社,2021